전략가, 잡초

전략가, 잡초

1판 1쇄 발행 2021년 3월 26일
1판 5쇄 발행 2024년 1월 15일

지은이 이나가키 히데히로
옮긴이 김소영
감수 김진옥

발행인 김기중
주간 신선영
편집 백수연, 민성원, 이상희
마케팅 김신정, 김보미 **경영지원** 홍운선
펴낸곳 도서출판 더숲
주소 서울시 마포구 동교로 43-1 (우 04018)
전화 02-3141-8301~2 **팩스** 02-3141-8303
이메일 info@theforestbook.co.kr
페이스북·인스타그램 @theforestbook
출판신고 2009년 3월 30일 제 2009-000062호

ISBN 979-11-90357-59-3 03480

전략가,

잡초

'타고난 약함'을
'전략적 강함'으로 승화시킨
잡초의 생존 투쟁기

이나가키 히데히로 지음
김소영 옮김 | 김진옥 감수

더숲

"잡초는 아직 그 가치를 발견하지 못한 식물입니다"

대학원 시절 약초원에서 식물 돌보는 일을 할 때였습니다. 연구용으로 키우는 식물을 돌보는 일은 대부분이 '잡초'를 뽑는 것이었지요. 식물이 좋아서 식물을 연구하는 사람이 되었는데, 나의 연구에 맞지 않는 식물이라고 그걸 뽑아 버린다는 게 무척이나 가슴 아팠습니다. 그래서 잡초를 뽑으며 매번 이렇게 얘기해 주었습니다. '다음엔 꼭 널 연구해 줄게.'

이 책의 저자 이나가키 히데히로는 그런 잡초를 누구보다 사랑한 사람으로 전공도 잡초생태학을 공부했습니다. 그는 애정 어린 시선으로 잡초를 오해하는 사람들에게 잡초의 진짜 모습을 알려 줍니다. 잡초의 생태와 그와 연결 지어 생각할 수 있는 우리네 사는 모습까지도 폭넓게 들려줍니다. 그래서 잡초를 사랑하는 그의 마음이 이 세상을 살아내고 있는 모든 생물에 대한 사랑으로 커져가는 것이 느껴집니다.

잡초는 지구상의 식물 중 하나일 뿐인데 잡초라는 테두리에 들어갔다고 해서 미움을 받곤 합니다. 잡초라는 테두리 자체를 인간이 규정지었으니 잡초도 결국 인간이 만든 것이지요. 하지만 사는 곳이 달라지면 상황도 달라집니다. 게다가 미처 알지 못했던 잡초의 유용함이 알려지면 잡초는 더 이상 잡초가 아니게 됩니다.

"잡초는 아직 그 가치를 발견하지 못한 식물이다." 랠프 왈도 에머슨이 한 이 말은 잡초에 해당하는 것만은 아닙니다. 우리는 각자 우리의 가치를 아직 모르는 경우가 많으니까요. 잡초가 살아남을 수 있는 가장 큰 무기는 각자가 가지고 있는 '개성'입니다. 그리고 그 개성에는 평균이 없습니다. 평균이란 우리 삶에도 없는 것이 아닐까요? 우리는 각자 다른 것이지 잘났거나 못난 것은 아니라고 이 책은 일깨워 줍니다.

자연에서 배울 수 있는 것은 무궁무진합니다. 그 자연에 가까이 다가가 말을 걸고, 눈을 맞추고, 귀를 기울일 때 깨닫게 되는 삶의 지혜를 찾아보십시오. 길가에 핀 잡초에 눈길을 내어줄 '행운아'인 당신께 이 책을 권합니다.

김진옥 (식물분류학자)

특수한 환경에 적응하는 특수한 식물, 잡초

1974년 출간된 《도라에몽》 1권에는 이런 장면이 있다. 엄마가 뜰에 난 풀을 뽑으라고 하자 진구는 평소처럼 도라에몽에게 도와달라고 한다. "제초기를 꺼내줘." 그러자 도라에몽은 놀랍게도 진구의 부탁을 단칼에 거절하며 이렇게 말한다. "그런 건 없어."

이게 무슨 말일까? 자유롭게 하늘을 날아다니는 '대나무 헬리콥터'나 전 세계 어디든 갈 수 있는 '어디로든 문' 등 미래의 별의별 도구를 다 가지고 있는 도라에몽에게 풀을 뽑는 기계가 없다니 대체 어떻게 된 일일까?

도라에몽의 대사로 미루어보면 두 가지 가능성을 생각해볼 수 있다. 첫째는 아무리 먼 미래에도 자동으로 풀을 뽑는 편리한 도구는 나오지 않을 가능성이다. 그러면 인간은 제초 작업에서 벗어날 수 없게 된다. 과학이 아무리 발달해도 잡초는 영원히 뜰에서 자라나고 제초 작업은 미래에도 여전히 필요하게 된다.

둘째는 미래에는 잡초의 씨가 말라 더는 잡초가 존재하지 않을 가능성이다. 과연 미래에도 인류는 계속해서 잡초에 시달리게 될까? 아니면 잡초가 없는 세상에서 살고 있을까? 앞으로 일어날 일은 아무도 알 수 없다. 이 책에서는 이런 가능성을 살펴보려고 한다.

또한 이 책은 중고등학교 과학교과서를 염두에 두고 썼지만 교과서에 나오지 않는 이야기도 다루었다. 과학교과서에는 옛날 사람들이 연구해서 밝혀낸 사실들이 담겨 있다. 교과서에는 이미 밝혀진 사실만 있으므로 교과서만 보면 이 세상 모든 일이 다 명명백백한 듯한 착각에 빠질 수 있다. 그러나 사실 이 세상에는 밝혀지지 않은 일이 무궁무진하고 모르는 것투성이다. 몰랐던 사실을 알게 되었을 때 기쁨을 느끼는 것이 과학 공부의 묘미라면, 과학교과서에 나오지 않는 이야기야말로 흥미로울 수밖에 없다.

어쩌면 학생들은 교과서로 공부하는 것이 따분하다고 여길지도 모른다. 그러나 교과서 밖 이야기들은 교과서를 공부해야 비로소 보인다. 식물학에서 다루는 여러 식물 가운데 가장 신비롭고 베일에 싸인 식물이 바로 잡초다. 잡초는 우리 주위에 아주 흔하다. 잡초라고 하면 평범하기 짝이 없는 풀이 주변에 아무 의미 없이 자라나 있는 것을 떠올리기 쉽지만 사실은 전혀 그렇지 않다.

잡초가 자라난 곳을 유심히 살펴보자. 잡초는 길이나 밭이나 공원 등 인간이 만들어낸 곳에서 자라난다. 이런 곳은 자연계에 없는 특수한 환경이다. 사실 잡초라 불리는 식물은 특수한 환경에 적응하고 특수한 진화를 이룬 특수한 식물이다.

교과서대로만 되라는 법은 없는 이 세상에서 잡초는 교과서에서 불쑥 비어져 나온 식물이다. 그렇다면 대체 잡초란 어떤 식물인지 같이 알아보자.

차례

4장 / 환경에 따라 자신을 변화시킨다

5장 / 살아남기 위해 플랜B를 준비한다

6장 / 새로운 곳을 찾아 번식한다

1장

잡초다움에
대하여

'잡雜'이 들어가는 말

'섞일 잡雜'에 '풀 초艸'로 이루어진 잡초라는 말의 사전적 의미는 '가꾸지 않아도 저절로 나서 자라는 여러 가지 풀'이다. 그럼 섞일 잡雜은 어떤 단어에서 무슨 의미로 쓰일까? 일단 이 책을 덮고 '잡'이라는 한자가 들어가는 말을 생각나는 대로 말해보자. 어떤 말이 있는가?

잡다, 잡연, 번잡, 난잡, 혼잡, 조잡 등 섞일 잡雜이 들어가는 말은 흐트러져서 이도저도 아니라는 이미지를 연상시킨다. 잡지, 잡화, 잡담, 잡학, 잡일이라는 말도 딱히 특별하지는 않지만 '자질구레하면서 많은 것'이라는 이미지를 떠올리게 한다.

'잡식, 잡종, 잡음'이라는 말에는 여러 가지라는 뜻이 들어 있으며 복잡複雜이라는 말은 잡雜이 여러 개 있다는 뜻에서 겹칠 복複을 쓴다. 잡수입이나 잡종지는 선택지 안에 포함되지 않은 '기타'를 말할 때 쓴다.

이런 식으로 잡이라는 말에는 '주요하지는 않지만 많은 것'이라는 뉘앙스가 있다. 다시 말해 잡이라는 글자의 이미지를 생각할 때 잡초는 주요하지는 않지만 많이 있는 풀이라는 뜻이 될 것이다.

잡초라고 하면 뜰이나 정원에서 다른 풀이 자라지 못하게 훼방을 놓는 나쁜 풀이라는 이미지가 강한데, 원래 잡초라는 말에는 나쁜 풀이라는 뜻이 없다. 여러 가지 물고기라는 뜻의 '잡어雜魚'는 작은 물고기가 떼 지어 다니는 이미지를 떠올리게 하고, 여러 가지 나무라는 뜻의 '잡목雜木'은 다양한 나무가 있는 이미지를 떠올리게 한다. 여기에 나쁜 물고기나 나쁜 나무라는 이미지는 없다.

섞일 잡雜이라는 한자의 부수는 '새 추隹'이니 이름 그대로 새를 나타낸다. 예를 들어 새 추隹가 '나무 목木' 위에 있으면 '모일 집集'이 된다. 잡雜은 '모일 집集'에 '옷 의衣'로 이루어졌다. 옷 의衣는 천을 뜻한다. 천을 다양한 초목으로 염색하면 한 가지 색이 아니라 다양한 색의 천을 얻을 수 있는데 이것이 잡雜

이다. 즉 '많은 색이 모여서 섞인 것'에서 잡이라는 말이 유래했다. 중국의 유서 깊은 서커스단을 잡기단雜技團이라고 하는데, 이들의 기술이 조잡하거나 저급해서가 아니라 다채로운 기술을 펼치기 때문에 그렇게 부른다.

아스팔트에서 자라는 무는 잡초일까

아스팔트 틈새에서 무가 싹터 텔레비전이나 신문에서 화제가 될 때가 있다. 이때 길가에서 자라난 무는 잡초일까, 아닐까? 학교 텃밭에서 감자를 키우다가 갈아엎고 꽃을 심어 화단으로 꾸몄는데 꽃들 사이에서 감자가 불쑥 자라났다면 이 감자는 잡초일까, 잡초가 아닐까?

여러분은 어떻게 생각했는가? 아스팔트 틈에 난 무는 잡초일까? 어떤 이들은 길가에서 자라났으니 잡초라고 주장할 것이다. 또 다른 이들은 어디에서 자라든 무는 채소이지 잡초라고 할 수 없다고 주장할 것이다. 이는 정확히 결론 내기가 상당히 어려운 문제다. 그렇다면 애초에 잡초는 어떻게 정의해야 할까?

잡초학 연구자들이 모인 미국 잡초학회에서는 잡초를 "인류의 활동과 행복과 번영을 거스르거나 방해하는 모든 식물"이라고 정의했다. 인류의 행복과 번영이라니 어쩐지 과학적 정의라기보다는 철학적 정의처럼 느껴진다. 조금 더 알기 쉽게 '원하지 않는 곳에 나는 식물'이라고도 설명한다. 이 역시 알쏭달쏭한데 한마디로 '방해가 되는 풀'이라는 뜻이다. 그러나 잡초가 방해가 되는 나쁜 풀이라는 것은 서양의 사고방식이다.

사전에 잡초는 "저절로 자라나는 여러 가지 풀 또는 이름도 모르는 잡다한 풀", "농경지나 뜰 등에 나지만 재배할 목적이 아닌 풀", "생명력과 생활력이 강하다는 것을 비유하는 말" 등으로 나와 있는데, 방해가 되는 나쁜 풀이라는 뜻은 어디에도 없다. 오히려 잡초처럼 끈기가 있다는 식으로 생명력이나 생활력이 강한 모습을 비유해 좋은 뜻으로도 사용하니 참 재미있다.

여기서는 미국 잡초학회의 정의를 따라 아스팔트에 난 무가 잡초인지 아닌지 생각해 보자. 아스팔트 틈에 난 무가 인류의 행복을 방해하는지 어떤지는 모르겠지만 길가에서 자라나면 방해가 되긴 한다. 그런 점에서는 무가 잡초일까? 하지만 무는 뽑아서 집에 가지고 가 요리할 수도 있다.

학교 화단에 난 감자는 어떨까? 감자가 무성하게 자라면 열심히 가꾼 화초가 다 망가지니 감자를 뽑아버려야겠다고 생각한 사람에게 감자는 그저 방해되는 잡초일 뿐이다. 그러나 감자까지 얻었다는 기쁨에 캐서 먹어야겠다고 생각한 사람에게 감자는 잡초가 아니다. 화단에 난 감자도 채소다.

잡초는 잡동사니에도 비유할 수 있다. 잡동사니는 다른 사람은 하찮게 볼지라도 그 주인에게는 고이 아끼는 보물일 수도 있다. 그리고 소중한 물건이 잡동사니 취급을 받아 쓰레기통에 던져지는 일도 종종 있다. 잡초도 마찬가지다. 사람의 관점에 따라 잡초가 될 수도 있고 안 될 수도 있다. 그러니 과학적 정의로 볼 때 잡초의 기준은 참으로 어중간하다.

멜론은 채소일까, 과일일까

잡초의 정의가 모호하다고 할 수 있지만 사실 정의는 그런 것이며 채소의 정의 또한 마찬가지다. 일본 농림수산성에서는 식용식물 가운데 1년 이내에 말라 죽는 한해살이 초본성 식물을 채소로 분류한다. 초본성 식물은 나무로 자라나지 않는 풀을 말한다. 이와 달리 나무가 되는 식물은 목본성 식물이라고 한다.

사과나 귤 등은 나무로 자라나 열매를 맺는데 멜론은 나무로 자라나지 않는다. 그래서 한해살이 초본성 식물인 멜론은 채소로 분류한다. 그러나 '과일의 왕'이라는 멜론은 과일 가게에서 팔리며, 과일 파르페에도 들어간다. 실제로 식품을 다루는 기관에서는 멜론을 과일로 취급한다.

파인애플은 초본성 식물이지만 나무가 되는 과일과 마찬가지로 여러해살이식물이기에 과일로 취급한다. 그러나 같은 여러해살이식물이라도 딸기는 농가에서 해마다 모종을 새로 심어 한해살이식물처럼 기르므로 채소로 분류한다. 이처럼 채소인지 과일인지 경계선이 매우 모호하다. 이는 나라에 따라서도 달라서 미국에서는 토마토가 채소인지 과일인지 결정하는 재판까지 열렸다.

애초에 분류나 정의는 인간이 한다. 예를 들면 양파는 백합과로 분류하기도 하고 수선화과로 분류하기도 하는 등 그 기준이 명확하지 않다. 고래와 돌고래는 몸길이가 4미터가 넘는지 넘지 않는지에 따라 구별한다. 그럼 몸길이가 정확히 4미터인 고래가 있다면 어떻게 될까? 광합성을 하면서 돌아다니는 연두벌레라는 미생물은 식물의 특징과 동물의 특징을 모두 지녀 식물과 동물 양쪽으로 분류된다. 이렇듯 과학의 세계에서조차 정의를 내릴 때는 경계선이 흐릿한 경우가 있다.

잡초는 걸리적거리기 십상인 풀

어떤 식물이 잡초인지 아닌지는 사람의 관점에 따라 달라진다. 예컨대 주로 길가나 밭에서 자라나서 걸리적거리는 잡초로 보는 쑥은 떡의 재료가 될 뿐 아니라 만능 약초로 여겨질 정도로 약효가 다양해서 귀중한 약재로 쓰인다. 논에서 자라나는 미나리는 벼의 생육을 방해하니 잡초라고 보지만 채소로 먹기도 해서 미나리를 재배하는 논까지 있다. 미나리논에서 벼가 제멋대로 자라난다면 이번에는 당연히 벼가 뽑혀나갈 것이다.

이처럼 때와 장소에 따라 같은 식물이 잡초가 되기도 하고 잡초가 아닌 것이 되기도 한다. 그러나 학술적으로는 그렇게 모호하게 분류할 수 없으니 일반적으로는 방해가 되기 쉬운 식물을 잡초라고 한다.

아스팔트에서 자라는 무가 신문이나 방송에서 화제가 될 정도로 무가 길가에서 자라나 방해가 되는 것은 아주 드문 일이다. 그래서 학술적으로 무는 잡초가 아니라고 분류한다. 게다가 길가에서 나서 방해가 되기 쉬운 식물의 종류는 대개 정해져 있으며 우리는 그 식물들을 잡초로 취급한다. 예를 들어 쑥은 쑥떡 재료이지만 길가나 밭에서 자라나 주변을 방해하는 경우도 많아서 잡초 도감에 실려 있다.

무 역시 길가에 불쑥불쑥 자라나 방해가 될 정도로 많아지면 잡초 도감에 실리는 날이 올지도 모른다. 실제로 채소였거나 화단의 풀꽃이었던 식물이 도망가서 잡초 취급을 받는 사례도 있는데, 이를 '이스케이프 잡초Escape Weed'라고 한다. 학생들 사이에서는 수업시간에 살금살금 교실에서 빠져나가는 행동을 두고 '이스케이프한다'고 한다. 남들 눈을 피해 도망갔다는 뜻이다.

잡초가 되기는 어렵다

아스팔트에서 자란 무가 열매를 맺어 그 씨앗이 길거리에

| 살금살금 도망쳐 잡초가 된다. |

널리 퍼졌다는 이야기는 들어본 적이 없다. 길에는 흙이 적어서 식물이 자라기가 쉽지 않으므로 이런 식물이 번식까지 하기는 상당히 어렵다. 심지어 식물은 풀을 뽑아주고 가꾸는 밭에서도 자라기가 만만치 않다.

잡초를 '방해가 되는 풀'이라고 한마디로 정리하는데, 사실 방해가 되는 풀이 되기는 꽤나 어려운 일이다. 잡초를 흔하고 하잘것없는 식물이라고 하지만 그렇다고 해서 잡초가 어디서나 자라는 건 아니다. 또 모든 식물이 잡초가 될 수 있는 것도 아니다. 길가나 밭에서 싹을 틔워 점점 번식해 나가는 일은 식물에는 상당히 특별한 일이며, 방해되는 식물이 되려면 그런 특별한 능력이 필요하다. 잡초가 되기 쉬운 식물의 성질을 '잡초성Weediness'이라고 하는데, 이 잡초성이 있는 식물만 잡초로 살아갈 수 있을 뿐 아무 식물이나 잡초가 되는 것이 아니다.

일본에는 종자식물이 약 7,000종 있는데, 이 가운데 잡초 취급을 받는 식물은 겨우 500종 정도다. 게다가 우리가 자주 보는 주요 잡초는 채 100종도 되지 않는다. 잡초가 이 세상에 3만 종류나 있다는데, 농사지을 때 문제가 되는 주요 잡초는 250종 정도라고 하니 주요 잡초가 되기가 얼마나 어려운 일인지 알 수 있다. 잡초는 '자칫 방해가 되는 식물'이라는 특별한 분야에서는 엄선된 엘리트인 셈이다.

그렇다면 이렇게 자칫 방해가 되는 식물로 엄선된 잡초에는 대체 어떤 특별한 능력이 있을까? 이제는 잡초의 특징을 알아보자.

2장

연약하기에
오히려 강하다

잡초의 공통된 특징 하나

보통 잡초라고 뭉뚱그려 말하지만 사실 잡초에는 종류가 많다. 그리고 자칫 방해되는 식물이라고만 여길 수 있는 잡초에는 다양한 특징이 있다. 그중에서도 가장 기본적인 특징은 잡초가 '연약한 식물'이라는 것이다. 의외로 느껴질 수도 있지만 이는 사실이다.

'잡초처럼 강하게 살라'는 말도 있을 정도로 우리에게 강한 식물로 인식되는 잡초가 '연약한 식물'이라니 대체 어찌된 일일까? 잡초가 연약한 식물이라면, 식물이 강인하다는 것은 대체 무슨 뜻일까?

잡초는 연약하다?

잡초가 연약하다는 말은 잡초가 경쟁에 약하다는 뜻이다. 자연계에서는 쉴 새 없이 치열한 생존경쟁이 벌어진다. 약육 강식, 적자생존이 자연계의 움직일 수 없는 법칙이다. 그것은 식물세계에서도 마찬가지다.

식물은 서로 빛을 받기 위해 앞다퉈 위로 뻗어 올라간다. 게 다가 잎을 활짝 펼쳐 다른 식물을 가리며 올라간다. 만일 이 경 쟁에서 진다면 다른 식물의 그늘에서 빛을 받지 못한 식물은 시들게 된다.

치열한 싸움은 비단 땅 위에서만 벌어지는 것이 아니다. 땅 밑에서도 물이나 영양분을 서로 차지하려고 치열하게 다툰다. 식물의 세계는 겉으로는 평화로워 보이지만 사실 식물은 살아 남으려고 서로 짓밟는다. 식물은 햇빛과 물과 땅만 있으면 살 아간다고들 하지만, 그 빛과 물과 땅을 차지하려고 목숨을 건 사투를 벌이는 것이다.

그런데 잡초라고 불리는 식물은 이 경쟁에 약하다. 어디서 든 자라나는 것처럼 보이는 잡초는 사실 많은 식물이 자라는 숲속에서는 살아남지 못한다. 풍요로운 숲은 식물이 생존하기에 적합하지만 그와 동시에 전쟁터이기도 하다. 그 때문에 경쟁에 약한 잡초는 깊은 숲속에서 살아날 수 없다.

잡초는 연약해서 경쟁에 뛰어든다 해도 강한 식물을 이기지 못한다. 그래서 잡초는 강한 식물이 힘을 발휘하지 못하는 곳만 골라서 자라난다. 그런 데가 바로 길가나 밭처럼 인간이 만들어낸 특수한 장소다. 숲속에서 잡초가 자라는 걸 보았다는 이들도 있을 텐데, 아마 하이킹 코스나 캠핑장처럼 인간이 관리하는 곳일 것이다.

싸우지 않고 살아남는 전략

살아남으려고 살얼음판을 걷는 상황에서 경쟁에 약하다는 것은 매우 치명적인 약점이다. 잡초는 어떻게 이 약점을 이겨냈을까?

연약한 식물 잡초의 기본 전략은 '싸우지 않는 것'이다. 강한 식물이 자라는 곳은 피하고 강한 식물이 자라지 않는 곳만 골라서 자리 잡는다. 한마디로 말하면 경쟁사회에서 도망친 낙오자인 셈이다.

그러나 우리 주변에 널리 퍼진 잡초는 누가 봐도 성공자로 보인다. 잡초는 경쟁을 피해 도망친 것이 아니다. 흙이 많지 않은 길가에서 난다는 것 자체가 잡초로서는 싸움인 것이고, 경작되거나 제초되는 밭에서 나는 것 역시 잡초로서는 싸움인 셈이다. 잡초가 강한 식물과 정면으로 맞서 싸우기를 피해온 것은 분명하지만 생존을 걸고 경쟁에 도전하는 것은 사실이다. 언젠가는 반드시 승부를 겨뤄야 할 상황이 온다. 잡초는 그 승부를 겨룰 장소가 어딘지 알 뿐이다.

강인함이란 무엇을 뜻할까

식물이 강인하다는 것은 무슨 뜻일까? 영국의 생태학자 존 필립 그라임은 식물이 성공한 요소를 세 가지로 분류했다. 'CSR 삼각형 이론'이라는 이 이론에서는 식물의 전략을 C타입, S타입, R타입으로 분류할 수 있다고 설명한다.

C타입은 경쟁을 뜻하는 'Competitive'의 머리글자를 딴 것으로 '경쟁형'이라고 한다. C타입은 다른 식물과의 경쟁에 강하니 그만큼 강한 식물이라는 말이다. 자연계에서는 목숨을

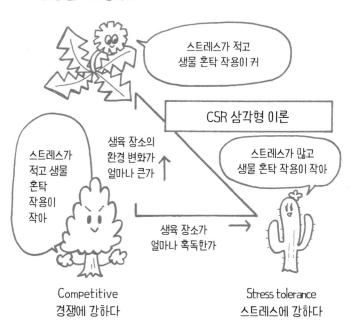

| CSR 삼각형 이론: 세 요소의 균형을 바꾸며 생존 전략을 세운다. |

건 생존경쟁이 펼쳐진다. 그러나 강한 식물인 C타입이 반드시 성공하리라고 장담은 하지 못한다는 것이 자연계의 흥미로운 부분이기도 하다. 자연계에는 다른 성공 전략도 있기 때문이다.

S타입은 'Stress tolerance'의 머리글자를 딴 것으로 '스트레스 내성형'이라고 한다. 스트레스는 현대사회를 살아가는 사람들만 받는 것이 아니라 식물세계에도 존재한다. 스트레스는 나고 자라나기에 어울리지 않는 상황을 말한다. 예컨대 건조하거나 일조량이 부족하거나 기온이 낮은 상황 등이 식물에는 생존을 위협하는 스트레스가 된다. 이런 상황은 S타입의 전형이라고 할 수 있다. 눈과 얼음을 견디는 고산식물에도 S타입의 특징이 있을 것이다.

경쟁에 강한 것만 강인함이라고 할 수는 없다. 묵묵히 견뎌내는 것도 강인함이라고 할 수 있다.

잡초의 강인함

R타입은 'Ruderal'의 머리글자를 딴 것으로 황무지에서 산

다는 뜻이며 교란 내성형이라고도 한다. 교란은 말 그대로 환경이 흐트러지는 것이다. 언제 무슨 일이 일어날지 모르는 교란은 식물의 생존에 적합하다고 할 수 없다. 교란이 있는 곳에서는 강한 식물이 꼭 유리한 것은 아니다. 강한 식물이 불리한 곳이야말로 약한 식물인 잡초에는 기회의 땅이다. R타입은 이처럼 예측 불가능한 환경의 변화에 강하다. 다시 말해 그때그때 상황에 맞춰 변화를 극복할 수 있는 강인함이 R타입의 특징이다.

C와 S와 R은 모두 식물에 반드시 필요한 요소다. 그래서 식물이 이 세 요소 중 딱 하나에 들어맞는 것이 아니라, 모든 식물이 이 세 요소의 균형을 맞추며 각자 전략을 세워 나간다고 추측된다. 잡초는 특히 R타입 요소가 강하다고 한다.

잡초를 없애는 방법

밟히거나 갈아엎어지거나 뽑히는 것은 식물의 생존에 결코 바람직한 상황이 아니다. 그러나 경쟁에 약한 잡초에는 그 상황이 바로 살아남을 절호의 기회다. 뿌리까지 완벽하게 없애기가 하늘의 별따기일 만큼 잡초는 뽑고 또 뽑아도 자라나지만 잡초를 안전하게 없애는 방법이 딱 하나 있다. 바로 '잡초를 뽑지 않는 것'이다.

잡초를 뽑지 않는다니 대체 무슨 말일까? 그리고 잡초를 제거하지 않으면 어떻게 될까? 잡초는 뽑지 않으면 빠르게 번식한다. 그러면 잡초뿐만 아니라 관목 등 대형 식물이 연달아 자라나면서 덤불이 되고 나무들이 무럭무럭 자라 숲을 이룬다. 잡초라 불리는 식물은 일반적으로 다른 식물과 경쟁하는 데 약하다고 했다. 그래서 잡초는 풍요로운 숲에서는 자라날 수 없다.

잡초를 뽑지 않으면 경쟁에 강한 대형 식물이나 나무들이 무성하게 자라게 된다. 그러면 잡초라 불리는 식물은 살아남을 수 없다. 물론 잡초는 사라져도 그곳은 이미 덤불이 되고, 머지않아 울창한 숲을 이루니 고작 밭이나 정원의 잡초를 없애자고 이 방법을 쓰기에는 현실적이지 않다는 설명은 굳이 할 필요도 없을 것이다.

식생은 상황에 따라 변한다

어떤 곳에 모여 나고 자라는 식물 집단을 식생植生이라고 하는데, 식생은 내버려두면 점점 작은 식물에서 큰 식물로 변한다. 이와 같은 식물 변화를 천이Succession라고 한다. 생물 교과서에서는 화산의 분화 등으로 모든 것이 사라진 곳에서는 식물이 자라나지 않는다고 한다. 그러다 처음에는 바위들 사이에서 지의류(균류와 조류의 공생체-옮긴이)나 선태식물이 자라난다. 점점 초본성 식물이 자라나 초원이 되면서 관목림이 된다. 머지않아 밝은 숲에서 잘 자라는 양수가 모여 '양수림'이 되고, 거기에 그늘이 질 정도로 울창하게 우거진 숲에서 자라는 음수까지 섞여 '혼합림'이 된다. 그리고 마지막에는 음수만 남는 '음수림'으로 점점 변화한다.

화산이 분화해서 아무것도 없는 상태에서 시작하는 천이를 '1차천이'라고 한다. 그와 달리 산불이나 홍수로 식물이 없어졌을 때는 식물이 자라는 데 적합한 땅이 이미 있고 주변 식물에서 씨앗을 공급받기 때문에 1차천이 때보다 짧은 기간에 식생이 변화하는데 이를 '2차천이'라고 한다.

화산이 분화하거나 홍수 같은 천재지변이 일어나는 것이

식물과 거리가 먼 일처럼 여겨지기 쉬운데, 사실 2차천이는 우리 주변에서도 흔히 일어난다. 예컨대 건물을 부수거나 산을 개간하거나 바다를 메우면 땅이 생기는데 이런 맨땅에서 바로 천이가 시작된다.

작은 식물인 잡초는 천이의 초기 단계에 자라난다. 초기 단계라 아직 식물이 없는 곳에 다른 식물보다 먼저 자라는 식물을 '선구식물'이라고 한다. 즉 개척자인 셈이다. 사실 잡초라고 불리는 식물은 천이 초기 단계에 자라나는 선구식물의 성격을 지녔다.

잡초가 변화하는 모습

교과서에서는 천이가 맨땅 → 초원 → 관목림 → 양수림 → 혼합림 → 음수림 순서로 역동적인 변화를 일으킨다고 설명하지만 천이는 우리 주변에서도 일상적으로 일어난다. 잡초가 무심한 듯 자라더라도 그 종류는 시시각각 바뀌듯이 말이다.

공터가 생기거나 땅이 새로 조성되면 처음에는 선구식물 성격이 유난히 강한 한해살이잡초가 먼저 자라난다. 식물은 싹이 났다가 1년 안에 말라 죽는 한해살이식물과 몇 년을 사는 여러해살이식물로 나뉜다. 이와 같이 잡초도 한 해만 사는 한해살이잡초와 여러 해 동안 사는 여러해살이잡초로 나뉜다.

천이가 진행되면 식물이 점점 자리를 바꿔 선구식물이 모습을 감추듯이 한해살이잡초로 뒤덮였던 공터도 햇수를 거듭하면 점점 한해살이잡초가 줄어들고 여러해살이잡초가 자라난다. 몇 년 동안 사는 여러해살이잡초는 출발이 늦은 만큼 땅속에서 뿌리에 힘을 듬뿍 비축해 놓았으므로 비교적 경쟁에 강해서 한해살이잡초를 밀어내고 번식할 수 있다.

여러 해 동안 사는 잡초를 뭉뚱그려 여러해살이잡초라고 하지만 이것도 종류가 다양하다. 처음에는 키가 작은 여러해살이잡초가 자라나지만 점점 경쟁에 강하고 키가 큰 여러해살이잡초가 자라나 풀숲이 우거지게 된다. 조금 더 지나면 풀뿐만 아니라 작은 나무도 자라나 덤불을 이룬다. 잡초끼리 비교할 때는 경쟁에 약한 잡초나 경쟁에 강한 잡초를 꼽을 수 있지만, 통틀어 보면 잡초는 일반적으로 경쟁에 약한 식물이다. 따라서 경쟁에 강한 나무들이 많이 자라나면 잡초는 결국 없어진다. 그렇게 오랜 시간이 지나면서 그곳은 드디어 숲으로 변하게 된다. 이것이 바로 천이다.

물론 덤불로 진화할 때까지 잡초를 그대로 방치할 수는 없다. 잡초를 뽑거나 제초제를 뿌려 없애기도 한다. 이렇게 잡초가 없어진 맨땅에서는 다시 천이가 시작되어 한해살이잡초가 자라난다. 만약 여러해살이잡초의 씨앗이나 뿌리가 남아 있다면 이들이 자라나면서 천이가 다시 시작된다. 다시 말해 잡초를 없앤다는 것은 천이의 진행을 막거나 천이의 흐름을 앞으로 약간 돌리는 일이기도 하다.

변천을 초기화하다

최근 작물 생산을 중단하는 '경작 포기지'가 늘고 있는데 경작 포기지에서도 잡초의 변화를 볼 수 있다.

첫해에는 논의 잡초나 밭의 잡초가 마치 제 집인 양 자라난다. 논밭에 자라는 잡초는 한해살이가 많다. 그러나 몇 년 지나면 여러해살이잡초가 늘어난다. 그리고 논밭에서는 자라지 않는 대형 잡초가 생겨나면서 점점 풀이 무성해진다.

물론 작물을 재배하는 논밭에서는 이런 일이 일어나지 않는다. 작물을 재배하기 전에 땅을 갈아엎어서 식물이 자라지

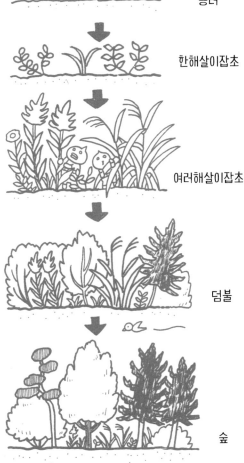

공터

한해살이잡초

여러해살이잡초

덤불

숲

| 우리 주변에서 일어나는 천이 |

못하는 상태로 만들기 때문이다. 다시 말해 해마다 작물을 재배한다는 것은 항상 천이의 흐름을 앞으로 돌리는 일이기도 한 것이다.

논이나 밭에 나는 잡초는 천이의 초기단계가 일어나는 짧은 기간에만 자라난다. 그러나 밭에서는 해마다 천이가 초기화를 반복한다. 그래서 자연계에서는 살아가지 못하는 잡초가 마치 제 집인 양 우거질 수 있다.

도로 경사면이나 강둑 등에서는 풀베기를 한다. 풀베기는 얼핏 잡초가 전혀 자라지 못하게 막는 것처럼 보이는데, 더 큰 식물이 자라서 덤불이나 숲을 이루지 않도록 방지하는 것이 목적이라고도 할 수 있다. 즉 천이의 진행을 막는 것이다.

땅을 갈거나 풀을 뽑아내는 곳은 식물이 생존하는 데 적합한 환경이라고 할 수 없다. 그러나 이런 작업들은 천이를 앞으로 되돌리거나 막는 일이다. 다시 말해 천이의 초기단계에 자라는 잡초는 갈아엎어지거나 뽑힘으로써 생존 장소를 확보하는 셈이다.

역사가 생기기 전 잡초는 어떤 모습일까

잡초는 인간이 사는 환경을 집으로 고른 식물이다. 그렇다면 인간이 나타나기 전에 잡초는 어디서 살았을까? 잡초의 조상은 빙하기가 끝날 즈음인 10만 년 전 나타났다고 추측된다. 빙하는 대지를 깎아서 흙모래를 움직였고, 빙원의 얼음이 녹자 종횡무진 흘러서 범람원을 만들어냈다. 잡초의 조상은 그런 교란이 일어난 장소에 적응해서 생겼다고 본다. 인간이 없던 시대, 우연히 천재지변이 일어나 만들어진 특수한 장소에서 바로 잡초의 조상이 산 것이다. 잡초는 이런 식으로 생명을 연장했다.

그러나 약 1만 년 전부터 잡초의 생식 범위가 180도 달라졌다. 인류가 인위적으로 교란을 반복하게 되었기 때문이다. 유럽에서는 신석기시대 인류의 유적지에서 잡초 씨앗이 발굴되었다. 인류가 마을을 만들어 정착하고 인간으로서 역사를 시작할 무렵, 그곳에 이미 잡초가 있었다는 얘기다.

농경이 시작되자 마을에서 살던 몇몇 잡초는 밭으로 진출했다. 이렇게 인류가 생식 범위를 넓히고 번영할 때 잡초 또한 생식 범위를 넓혀갔다. 인간은 1만 년이라는 농경 역사에서 다양한 작물이나 채소를 개량해 왔다. 잡초는 그 농경 역사 뒤 어두운 곳에서 인간의 농업이나 생활에 적응해 진화해 온 것이다. 그렇게 생각하면 잡초는 인간이 만들어냈다고도 할 수 있다.

인간이 멸망한 뒤의 세계

인간이 멸망한 뒤에도 바퀴벌레는 끈질기게 살아남을 것이라고들 한다. 그렇다면 잡초도 인류가 멸망한 뒤 살아남을까? 잡초는 뽑고 또 뽑아도 굴하지 않고 자라나기에 끈질기다고 하는 것일 뿐 뽑는 사람이 없어지면 잡초는 그저 '연약한 식물'에 지나지 않는다.

잡초는 인간이 만들어낸 특수한 환경에 적응해 특수하게 진화한 식물이다. 예컨대 무논에 나는 대표적 잡초인 물달개비는 방제하기가 여간 어려운 게 아니다. 물달개비는 무논직파를 시작했을 때부터 벌써 몇천 년이나 잡초로 논에서 널리 자라났다. 그러나 논이라는 특수한 환경에 지나치게 적응한 나머지 논 말고 다른 곳에서는 나고 자랄 수 없을 만큼 진화되고 말았다. 만약 논이 사라진다면 물달개비도 더는 생존할 수 없을 것이다.

인간과 잡초는 만 년 이상 쉬지 않고 싸워왔다. 잡초 처지에서 볼 때 풀을 뽑는 인간은 악당일지도 모른다. 그러나 그 악당 덕분에 잡초는 생존할 장소를 찾아냈으며 아마 인간이 없는 환경에서는 살아가기 어려울 것이다. 비록 멸종하지는 않더라도 빙하기에 그랬듯이 지구 한편에서 몰래 살아갈 수밖에 없을 것이다.

3장

싹 틔울 적기를
기다리는 영리함

잡초를 기르기는 어렵다

잡초를 길러본 적이 있는가? 잡초는 제멋대로 자라나므로 일부러 씨앗을 뿌려 잡초를 기르는 괴짜는 거의 없을 것이다. 나는 잡초를 연구용으로 기르는데 사실 잡초 기르기는 꽤 만만치 않은 일이다. 채소나 꽃은 씨앗을 땅에 심고 물을 주면 며칠 안에 싹이 돋아난다. 그러나 잡초는 씨앗을 땅에 심고 물을 줘도 싹이 트지 않는다. 그러는 사이 심지도 않은 잡초가 먼저 싹을 틔운다.

식물이 발아하는 데 필요한 세 가지 요소는 '물, 산소, 온도'다. 따라서 기온이 올라 날씨가 따뜻할 때 땅을 갈아 공기가 흙 속으로 들어가게 만든 다음 씨앗을 뿌리고 물을 주면 물, 산소,

온도라는 삼박자가 갖추어져 씨앗에서 싹이 튼다. 그런데 잡초는 이 세 요소가 충족되어도 싹이 트지 않는다. 잡초에는 휴면이라는 성질이 있기 때문이다.

쉬고 잠자는 전략

'휴면'이라고 하면 휴면회사나 휴면계좌 등 일하지 않는다는 부정적 이미지가 있다. 잡초가 당장 싹을 틔우지 않는 휴면休眠은 한자로 '쉴 휴'와 '잠잘 면'을 쓴다. 잡초의 듬직한 전략이 쉬는 것과 자는 것이라니 왠지 한심하다는 생각도 들겠지만 사실 휴면은 잡초의 중요한 생존 전략의 하나다.

채소나 꽃의 씨앗은 심으면 바로 싹이 돋는데, 이는 인간이 싹을 틔우기를 원하는 시기에 씨앗을 뿌리기 때문이다. 그래서 당장 싹을 틔우는 것이 채소나 꽃에는 좋은 전략이다. 그러나 잡초의 씨앗은 발아시기를 스스로 결정해야 한다. 잡초 씨앗이 무르익어 땅에 떨어진다 해도 그때가 반드시 발아에 적합한 시기라고는 할 수 없다. 예를 들어 가을에 떨어진 씨앗이 그대로 싹을 틔운다면 곧 찾아올 혹독한 겨울 추위에 시름시름 앓다 죽고 말 것이다. 또 주변에 있는 식물이 울창해지면 싹을 틔운다 해도 빛을 받지 못하고 시들어 버린다. 그러니 잡초에 싹을 틔우는 시기는 사활이 달린 문제다.

당장은 싹을 틔우지 않는다

무엇보다 씨앗이 땅에 떨어진 시기와 발아에 적합한 시기가 다르다는 것은 잡초 말고 다른 야생식물에도 중요한 문제다. 그래서 잡초를 포함한 야생식물은 씨앗이 무르익어도 바로 싹을 틔우지 않는 구조를 갖고 있다. 이 구조를 '1차휴면(내생휴면)'이라고 한다.

1차휴면은 발아에 적합한 시기를 기다리는 휴면이다. 예컨대 씨껍질이 딱딱해서 수분이나 산소가 통하지 않다가 시간이 흘러 껍질이 부드러워지면 산소가 통해서 싹을 틔우는 '굳은씨앗'이라는 씨도 있다. 나팔꽃 씨앗에 줄칼이나 칼로 상처를 내면 싹이 잘 나오는 이유는 나팔꽃이 굳은씨앗이기 때문이다.

봄에 싹이 돋아나는 씨앗은 봄이라는 계절을 느꼈기에 싹을 틔우는 것이다. 씨앗이 무르익는 가을도 기온은 봄과 비슷하다. 음력 10월을 소춘小春이라고 하듯이 겨울에도 봄처럼 따뜻한 날은 있다. 그런데 씨앗은 어떻게 해서 봄을 알아차릴까? 식물의 씨앗이 봄을 느끼기 위한 조건은 겨울 추위다. 겨울의 낮은 기온을 경험한 씨앗만이 봄의 따뜻함을 느끼고 싹을 틔운다.

일시적인 따뜻함은 곧 찾아올 겨울 추위를 예고할 뿐이다. 길고 추운 겨울이 지나야 비로소 봄이 찾아온다. 그래서 씨앗은 일시적인 따뜻함에 쓸데없이 기뻐하지 않고 잠자코 겨울 추위를 기다린다. 겨울 추위, 다시 말해 저온을 경험하지 않으면 싹을 틔우지 않는 성질을 '저온 요구성'이라고 한다. 저온을 견디는 것이 아니라 필요해서 요구하는 것이다. '겨울이 오지 않으면 진정한 봄도 오지 않는다'는 씨앗의 전략이 우리 삶에도 어떤 암시를 주는 듯하다.

깨어났다 다시 자는 씨앗

일정한 시간이 지난 씨앗은 휴면에서 깨어나 싹을 틔우려고 한다. 하지만 잡초 씨앗은 봄이라고 해서 꼭 싹을 틔울 만큼 단순하지 않다. 연약하고 작은 잡초는 발아시기가 생사를 결정하므로 환경을 복잡하게 읽으며 싹 틔울 시기를 잰다. 싹을 틔우려고 했는데 환경이 발아에 적합하지 않을 때도 있다. 그러면 잡초 씨앗은 다시 휴면 상태에 들어가는데 이를 '2차휴면(유도휴면)'이라고 한다.

인간으로 따지면 자다가 깨서 시계를 보니 아직 시간이 일러서 다시 잠드는 것과 비슷하다. 그 뒤 이불 속에서 잠을 자다 깨기를 반복하는 것처럼 잡초 씨앗은 각성과 2차휴면을 반복하며 발아할 기회를 엿본다.

한편 각성해서 싹을 틔울 때가 되어도 발아에 필요한 물이나 산소, 온도가 적당하지 않으면 씨앗은 싹을 틔우지 않는다. 이 상태를 '환경휴면(강제휴면)'이라고 하는데, 이는 눈을 뜬 상태이므로 본래 의미의 휴면은 아니다.

잡초의 휴면 구조는 계절에 맞춰 규칙적으로 싹을 틔우면 된다는 단순한 구조가 아니라 매우 복잡하다. 잡초가 돋아나는 환경에는 예측 불가능한 변화가 생긴다. 봄이 되었다고 해서 반드시 싹을 틔울 기회가 온 것은 아니며 언제 극적인 기회가 올지 아무도 모른다. 그래서 잡초는 일반적인 야생식물보다 더 복잡한 휴면 구조를 갖추고 있다.

씨앗마다 개성이 있다

잡초를 기를 때 어려운 점은 싹이 나지 않는다는 것만이 아니다. 설령 싹이 난다 해도 그 시기가 제각각이다. 휴면은 잡초의 중요한 성질이지만 같은 잡초 씨앗이라도 한 톨 한 톨 휴면에 차이가 있다. 휴면하거나 각성하는 시기가 각자 달라서 어떤 씨앗은 각성하는데 또 다른 씨앗은 휴면할 때도 있다.

씨앗에서 뿌리나 싹이 나는 것을 '발아'라 하고 싹이 땅 위로 나오는 것을 '출아'라 하는데, 발아 시기가 제각각이듯 출아 시기도 씨앗마다 달라서 불쑥불쑥 연달아 출아한다.

채소나 꽃의 씨앗은 땅에 뿌리면 한꺼번에 싹이 난다. 뿌린 씨앗 가운데 얼마나 발아했는지는 '발아율'로 나타내고, 시기를 맞춰 발아했는지는 '발아세'로 나타낸다. 채소나 꽃 씨앗의 발아 시간이 같지 않으면 성장 속도에도 각각 차이가 생긴다. 그래서 식물을 재배할 때는 시기를 맞추는 것이 아주 중요하다.

그러나 잡초 씨앗은 되도록 시기를 들쑥날쑥하게 하는 것이 중요하다. 만약 잡초 씨앗이 채소나 꽃 씨앗처럼 한꺼번에 출아하면 어떨까? 그러면 인간이 풀을 뽑을 때 다 같이 망하고 만다. 그래서 일부러 시간차를 두고 출아기를 엇갈리게 해서 드문드문 돋아나는 것이다. 이렇게 성질이 모두 다른 모습을 인간세계에서는 '개성'이라고 하는데 잡초세계에서는 이 개성이 아주 중요하다.

도깨비 가시풀에는 어떤 비밀이 있을까

가을에 들을 거닐다 보면 옷에 풀씨가 잔뜩 들러붙어 있을 때가 있다. 쥐도 새도 모르게 붙어 있다고 해서 '도깨비 가시풀'이라고 하는 종류의 씨인데, 대표적으로 도꼬마리가 있다. 도꼬마리 열매에는 가시가 있어서 옷에 잘 걸리게 되어 있다. 도꼬마리는 어린이들이 열매를 던지며 놀 만큼 친숙한 잡초이지만 이 열매를 열어서 속까지 관찰해 본 사람은 별로 없지 않을까?

이 열매 속에는 약간 긴 씨앗과 약간 짧은 씨앗이 하나씩 들어 있다. 긴 씨앗은 바로 싹을 틔우는 날쌘돌이이고 짧은 씨앗은 싹을 쉽게 틔우지 않는 느림보다. 바로 행동으로 옮기라는 "쇠뿔도 단김에 빼라"라는 속담과 여유를 가지고 차근차근 하

길이가 다른 종자

| 도꼬마리 씨앗의 내부 |

라는 "급할수록 돌아가라"라는 속담이 있다. 싹을 빨리 틔우는 것이 좋은지 늦게 틔우는 것이 좋은지는 상황에 따라 달라진다. 그래서 도꼬마리는 둘 중 하나가 살아남을 수 있도록 두 가지 씨앗을 준비한 것이다.

뾰족뾰족한 씨앗이 독특해서 '도둑 가시', '도깨비 가시' 등 친근한 별명으로 부르는 울산도깨비바늘에는 바깥쪽을 향하는 긴 씨앗과 안쪽을 향하는 짧은 씨앗이 있다. 마찬가지로 바깥쪽을 향하는 긴 씨앗은 싹을 잘 틔우는 성질이 있다. 반대로 안쪽을 향하는 짧은 씨앗은 싹을 잘 틔우지 않는다.

이렇게 성질이 서로 다른 씨앗을 준비해 놓는 도꼬마리나 울산도깨비바늘은 씨앗 모양을 약간 바꿨기 때문에 알아보기가 쉽다. 다른 잡초도 전략은 같다. 엇비슷한 씨앗을 잔뜩 만든 것처럼 보이지만 가능한 한 성질이 똑같아지지 않도록 차별화한다.

종자은행

잡초 씨앗에는 싹을 틔우는 것과 싹을 틔우지 않고 땅속에서 휴면하는 것이 있다. 이 중 땅 위로 돋아나는 잡초는 빙산의 일각일 뿐이고 땅속에서 기회를 엿보는 씨앗이 훨씬 더 많다.

영국에서 밀밭을 조사했더니 1제곱미터당 7만 5,000립이나 되는 잡초 씨앗이 땅속에 묻혀 있었다고 한다. 이렇게 양이 어마어마한 씨앗이 땅속에 있으면서 발아할 기회만 호시탐탐 노리는 것이다. 그러니 뽑고 또 뽑아도 끝을 모르고 땅속에서 싹이 트는 것이다.

이처럼 땅속에 있는 씨앗은 '매토종자'라고 하는데, 이 방대한 매토종자 집단을 '시드뱅크Seed bank'라고 한다. 쉽게 말해 종자은행이다. 땅속에 잡초의 방대한 재산이 축적되어 있는 것이다. 그리고 이 어마어마한 씨앗 가운데 대부분은 발아하지 않고 땅속에서 휴면 상태로 기회를 엿보고 있다.

빛의 자극을 받아 싹을 틔운다

잡초를 아무리 말끔히 뽑아냈다 해도 며칠 지나면 또 잡초 싹이 돋아난다. 사실 잡초를 뽑아내면 잡초가 싹을 틔우기가 더 쉬워진다. 잡초를 뽑으면 무엇에 반응해서 잡초가 싹을 틔울까?

앞서 얘기했듯이 식물 발아에 필요한 세 가지 요소는 '물, 산소, 온도'다. 그런데 시험 답안에 '물, 산소, 빛'이라고 온도 대신 빛을 쓰면 틀리게 된다. 식물 성장에 필요한 세 가지 요소인 '빛, 물, 온도'와 헷갈렸기 때문이다. 그럼 땅속에 있는 식물 씨앗이 발아하는 데는 빛이 필요 없을까?

꼭 그렇지도 않아서 잡초 씨앗 중에는 발아할 때 빛이 필요한 성질인 '광요구성'을 지닌 것이 적지 않다. 빛이 필요하다고 해서 광합성처럼 빛을 이용하는 것은 아니며, 빛을 신호로 발아를 시작하는 것이다.

물이나 산소나 온도가 갖추어져 싹이 텄다고 해도 주변에 풀이 무성하면 어떻게 될까? 자그마한 싹이 돋아서 겨우 세상에 나왔어도 다른 풀들에 빛이나 물을 빼앗겨 도저히 자라날 수 없다. 경쟁에 약한 잡초의 싹이 살아남으려면 주변에 성장을 방해하는 경쟁자가 없다는 조건이 붙어야 한다. 주변에 빛을 차단하는 큰 식물이 없어야 빛을 받을 수 있기 때문이다. 따라서 대부분 잡초 씨앗은 빛을 느꼈을 때 싹을 틔운다.

양상추 씨앗에서 보이는 광발아성

식물 씨앗의 발아와 빛의 관계는 양상추의 피토크롬 사례를 들어 설명하겠다. 양상추는 광발아종자다. 양상추는 잡초가 아니라 채소라고 생각할지 모르겠지만, 채소로 개량되었어도 야생식물이었던 조상들의 특징이 그대로 남아 있는 채소가 많다. 양상추 씨앗의 광발아성도 그와 같은 사례다.

양상추는 씨앗이 작은데 작은 씨앗에서는 작은 싹만 나올 수 있으니 경쟁력이 강하다고 할 수 없다. 경쟁자가 될 만한 다른 식물이 없는 때를 골라서 발아하는 광발아성은 야생식물이었던 양상추의 조상들에는 아주 중요한 성질이었을 것이다.

빛이라고 해서 다 좋은 것도 아니어서 빛의 파장에 따라서도 영향이 달라진다. 적색광을 비추면 발아가 촉진되지만, 원적색광(적색광 말단에 있는 빛-옮긴이)을 비추면 발아가 억제된다. 여기에는 피토크롬이라는 색소 단백질이 영향을 미친다. 적색광을 비추면 피토크롬은 활성형인 Pfr형으로 변화한다. Pfr형은 원적색광FR을 흡수한다고 해서 이런 이름이 붙었다. 그러나 Pfr형은 원적색광을 흡수하면 적색광R을 흡수하는 불활성형인 Pr형으로 변화한다.

광발아성을 지닌 잡초의 구조도 이와 마찬가지로 원적색광을 비추면 발아가 억제된다. 그럼 어떻게 빛의 유무뿐만 아니라 파장까지 영향을 미칠까? '어떻게'라는 물음에는 'How?(어떠한 메커니즘으로?)'라는 뜻과 'Why?(무엇을 위해?)'라는 뜻이 들어 있다. How에 대한 대답은 피토크롬으로 설명된다. 그럼 무엇을 위해 원적색광으로 발아가 억제될까?

빨간색이 시작하라는 신호

식물의 잎은 광합성을 위해 주로 파란색과 빨간색 파장의 빛을 흡수한다. 원래 빛은 파란색에서 붉은색으로 변하는 그러데이션으로 나타나는데, 파란색과 빨간색의 중간인 녹색 파장은 빛을 흡수하지 않기 때문에 빛이 반사된다. 식물 잎이 녹색을 띠는 이유는 녹색이 불필요한 빛이기 때문이다.

식물은 이처럼 광합성을 해서 빨간색 빛을 흡수하는데 그 파장 범위 밖에 있는 원적색광은 흡수되지 않으므로 잎을 투과한다. 다시 말해 땅에 닿는 빛은 적색광이 아니라 원적색광이므로 그 땅 위에는 무성한 잎이 있다는 뜻이 된다. 그래서 광발아성 종자는 빛이 내리쬐어서 발아하는 것이 아니라, 그 위에 잎이 무성하지 않았다는 사실을 나타내는 적색광까지 확인한 다음에야 발아하는 것이다.

햇빛에는 적색광과 원적색광이 다 들어 있는데 실제로는 적색광이 있는지 없는지가 더 중요하다. 교과서에는 적색광을 내리쬔 뒤 원적색광을 내리쬐어도 발아가 억제된다고 나와 있다. 또 적색광과 원적색광을 교대로 내리쬐면 마지막에 내리쬔 빛의 파장으로 발아 여부가 결정된다는 H. A. 보스윅 연구진의 실험도 소개되어 있다.

광발아성 종자로서는 그럴 수밖에 없다. 싹을 틔우고 싶어도 원적색광이 땅에 닿았다는 것은 자기보다 먼저 잎을 한껏 펼친 식물이 있다는 뜻이다. 그런 상황에서 출아해 봤자 생존할 가망이 없으니 멈출 수밖에 없다. 그런데 다시 적색광이 닿았다는 것은 그 식물이 사라졌다는 뜻이니 출아할 절호의 기회가 온 것이다. 차도에 차가 없는 것 같아서 길을 건너려고 했는데 저쪽에서 차가 오는 바람에 멈춰 섰다. 한참 있어도 차가 오지 않기에 재빨리 건넜다. 이런 인간의 심리와 판박이다.

우리가 보는 신호등은 빨간색이 멈춤 지시지만 광발아성 종자에는 빨간색이 바로 시작하라는 신호다.

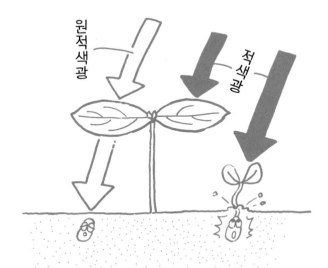

| 빛의 파장과 출아 메커니즘 |

4장

환경에 따라
자신을 변화시킨다

다양성이라는 전략

식물의 씨앗은 휴면성이 균일하지 않다. 이것이 생물의 '유전적 다양성'이다. 인간의 얼굴이 모두 다른 것도 유전적 다양성이다. 어떤 사람이 미모가 아무리 뛰어나다 해도 이 세상 사람들이 모두 그와 얼굴이 똑같다면 소름 끼치는 사회가 될 것이다. 거기에 모든 사람이 능력도 똑같고 성격도 똑같다면 어떻게 될까? 정치인, 교사, 제빵사, 목수, 운동선수까지 모두 분신 같은 사람들이 할 것이다. 그런 사회가 과연 성립될까?

유전적 다양성은 생물에 아주 중요한데 인간사회에서는 이를 '개성'이라고 한다. 만약 환경이 안정되어 앞으로 영원히 바뀌지 않는다면, 유전적으로 성질이 각각 다를 필요는 없다. 그 환경에 맞게 엘리트들만 남으면 된다. 그러나 환경은 천차만 별이기 때문에 환경에 따라 우수한 성질도 달라진다. 또는 시대가 변하면 원하는 성질도 크게 변할 수 있다. 그래서 생물은 다양성을 지키면서 최대한 개성 있는 집단을 만들려는 것이다.

농작물은 균일해진다

유전적으로 다양성이 없는 특이한 식물이 있다. 바로 인간이 기르는 농작물이다. 농작물은 인간이 준비한 환경에서 재배된다. 발아 시기도 성장 속도도 모두 같아야 관리하기 더 편하며, 맛이 좋아야 하거나 병에 강해야 하는 등 인간이 원하는 성질도 정해져 있다. 따라서 그런 기준으로 뽑힌 엘리트들이 균일하게 길러진다.

만약 야생식물처럼 농작물에 다양성이 크면 어떻게 될까? 쌀 품종의 하나인 고시히카리를 심었는데 맛이 저마다 다르다고 생각해 보자. 과연 먹을 수 있을까? 벼 이삭이 무르익는 시기도 제각각이면 한꺼번에 벼베기를 할 수 없다.

실제로 옛날에는 벼가 익는 시기가 들쑥날쑥해서 익은 벼만 골라서 뽑았다고 한다. 기원전 300년에서 기원후 300년 사이에 나온 석기 중 벼이삭을 잡아 뽑는 돌칼이 있다. 벼를 한꺼번에 벨 수 없었기 때문에 골라서 뽑았다는 증거다.

생물에는 원래 다양성이 있어서 각자 달라지고 싶어 하는 성질이 있다. 그것을 균일하게 유지하기는 만만치 않다. 아무 쌀이나 사다가 밥을 지어도 밥이 맛있다. 슈퍼마켓에 가면 크기가 똑같은 채소들이 있다. 이는 당연한 듯 보이지만 사실은 정말 대단한 일이다.

식물에게 다양성이 중요한 이유

각자 개성이 다르다는 것이 식물에 그렇게 중요할까? 다양성이 없다는 것은 사실 무시무시한 일이다. '아일랜드 대기근'이라는 유명한 사례에서 우리는 다양성이 얼마나 중요한지 배울 수 있다.

남미 안데스가 원산지인 감자는 콜럼버스가 신대륙을 발견한 이후 처음 유럽으로 전해져 각지에서 재배되었다. 감자는 보리가 자라지 않는 서늘한 기후나 메마른 땅에서도 잘 자라 감자가 전파되고 나서 유럽 사람들이 굶주림에서 벗어났을 만큼 중요한 식량이 되었다.

1840년대 아일랜드에서는 갑작스럽게 감자 역병이 크게 유행하면서 기록적인 굶주림이 있었다. 100만 명에 이르는 사람들이 굶어 죽었고, 200만 명이나 되는 사람들이 고향을 버리고 외국으로 탈출했다. 이때 많은 아일랜드인이 새로운 땅 미국으로 건너갔고, 이들이 미합중국의 기초를 만들었다고 본다. 지금도 미국인 약 4,000만 명은 조상이 아일랜드계라고 한다.

이렇게 세계 역사를 바꾼 굶주림의 원인이 바로 감자 재배에 있었다. 씨감자를 심어서 대를 물리는 감자를 아일랜드에서는 딱 한 품종만 나라 전체에서 재배했다. 품종이 하나밖에 없다는 것은 그 품종이 어떤 병에 약하면 온 나라 감자가 다 그 병에 약하다는 뜻이다. 결국 한 나라 안에 있던 모든 감자가 순식간에 멸종하는 것이다.

감자는 원산지 안데스에서는 다양한 품종이 재배되고 있다. 그럼 한 품종이 병에 걸려도 다른 품종은 그 병에 강할 수 있다. 다양성이 있으면 전멸할 일은 없는 것이다. 인간이 키우는 채소도 마찬가지다. 잡초처럼 아무도 돌봐주지 않는 야생 식물이 전멸하지 않고 오랜 시간 세대를 이어나가려면 뛰어난 형질을 고르고 골라 똑같이 만들기보다는 개성 있는 다양성을 유지하는 것이 더 중요하다.

잡초는 형질이 제각각이다

변이는 같은 생물종이 형질이 다른 것을 말하는데 인간 중에도 키가 큰 사람과 작은 사람이 있는 것과 같다. 키가 큰 형질을 지닌 이유는 두 가지를 생각할 수 있다. 하나는 유전인데 부모와 형제가 모두 키가 크다면 키 큰 유전적 형질을 갖고 있을 수 있다. 다른 하나는 환경인데 예를 들어 유전적으로 같은 쌍둥이 형제가 각각 다른 환경에서 살았다면 운동을 열심히 하고 영양과 수면을 충분히 취한 쪽이 더 키가 클지도 모른다. 이는 유전의 영향이 아니라 환경의 영향이다. 이처럼 선천적 유전과 후천적 환경이 형질을 정한다.

잡초의 변이에도 유전과 환경이 영향을 미친다. 변이 가운데 유전의 영향으로 생기는 변이를 '유전적 변이'라 하고 환경의 영향으로 변화하는 것을 '표현형적 가소성'이라 한다. 잡초는 유전적 변이와 표현형적 가소성 둘 다 크고 타고난 형질도 제각각이며 환경에 맞춰 변화하는 힘도 크다.

잡초의 종류가 같은데도 크게 자라는 집단과 작게 자라는 집단이 있다고 하자. 이 크기 차이는 타고난 유전적 변이일까, 아니면 환경의 영향에 따른 표현형적 가소성일까? 그 이유는 같은 장소에서 재배해 보면 밝혀낼 수 있다. 환경이 다른 곳에서 자라난 집단의 씨앗을 각각 채취해 같은 환경에서 기르는 것이다. 만약 개체 차이가 환경 때문에 생겼다면 같은 환경에서 길렀을 때 차이가 없어질 것이다. 만약 유전적으로 다르다면 같은 환경에서 길러도 차이가 날 것이다.

지역에 따라 나뉜다

종내 변이에는 같은 집단 안의 '집단 내 다양성'과 집단과 집단이 다른 '집단 간 다양성'이 있다. 예를 들면 같은 대학에 다양한 학생이 있는 것이 집단 내 다양성이고, 이 학교와 저 학교의 교풍이 다른 것이 집단 간 다양성에 가깝다고 할 수 있다.

집단 간 다양성 가운데 가장 명확하게 나오는 것이 지역에 따른 변이일 것이다. 인간세계에서도 자신이 살았던 고향에서는 당연하게 여기던 상식이 다른 지방에서는 전혀 통하지 않거나 지역에 따라 말이나 주민들 성격이 완전히 다를 때가 있다.

잡초는 변화하기 쉽기 때문에 이런 변이가 자주 일어난다. 예를 들어 토끼풀은 청산이라는 독물질을 만드는 유형과 만들지 않는 유형이 있다. 유럽 북쪽 지방에는 독물질을 만들지 않는 유형이 분포되어 있지만 남쪽 지방으로 가면 독물질을 만드는 유형이 분포되어 있다. 남쪽 지방에서는 토끼풀을 먹어치우는 달팽이가 있기 때문에 토끼풀이 몸을 보호하기 위해 독물질을 생산하는 것이다. 그러나 추운 북쪽 지방에는 해충 달팽이가 없으니 토끼풀이 독을 만들지 않는 것이다.

추운 지역으로 가면 갈수록 눈바람에 견디기 위해 키가 작아지거나 수분이 빠져나가는 것을 막으려고 잎이 작아진 풀이 있다. 또 추운 지역으로 가면 갈수록 꽃이 피거나 이삭이 나올 때까지 걸리는 시간이 짧아지는 풀도 있다. 추운 지역에서는 여름이 짧으므로 꽃을 빨리 피워야 유리하기 때문이다. '추운 지역으로 가면 갈수록'이라는 말처럼 식물이 기후 변화나 지

역 이동을 따라 연속적으로 변이하는 것을 '지리적 변이'라고
한다.

집단 간 변이는 어떻게 일어날까

변이는 어떻게 일어날까? 원래는 같은 종의 집단인데 북쪽
으로 분포를 넓히는 그룹과 남쪽으로 분포를 넓히는 그룹이
있다고 하자. 북쪽으로 가면 갈수록 추위에 견디지 못하게 된
개체는 죽고 추운 기후에 적응한 개체는 살아남는다. 반대로
남쪽으로 가면 갈수록 더위에 견디지 못하는 개체는 죽고 더
운 기후에 적응한 개체는 살아남는다.

나아가 북쪽 집단 중에서도 추위에 더 강한 개체나 비교적
추위에 약한 개체가 나타난다. 혹독하게 추운 곳에 가면 추위
에 더 강한 개체만 살아남을 것이다. 그리고 똑같은 일이 남쪽
집단에서도 일어난다. 그 결과, 북쪽에서 존재하는 집단과 남
쪽으로 분포하는 집단은 원래 같은 집단이었다 해도 완전히
다른 형질로 변한다.

이러한 일은 형질이 똑같아 다양성이 없는 집단보다 형질

이 다양한 개성과 집단에서 더 잘 일어난다. 이렇듯 잡초는 집단 내의 다양성이 커서 집단 간 다양성도 쉽게 일어난다.

갈라파고스 핸드폰의 유래

종내 변이라는 말은 어디서 많이 들어본 듯하지 않은가? 바로 진화 이야기다. 그럼 '갈라파고스'라는 말을 들어본 적이 있는가? 스마트폰이 보급되기 전에 나온 핸드폰을 일본에서는 갈라파고스의 '갈라'와 휴대전화를 뜻하는 케이타이의 'K'를 따서 '갈라K'라고 한다. 갈라K는 갈라파고스 핸드폰의 약자인 것이다.

갈라파고스는 박물학자 찰스 다윈이 진화론의 힌트를 얻은 갈라파고스제도에서 유래했다. 갈라파고스의 섬들을 돌아본 다윈은 핀치라는 새의 부리 모양이 씨앗을 먹는 종류, 선인장을 먹는 종류, 곤충을 먹는 종류 등 각 섬의 환경에 맞게 변한 것을 발견했다. 그리고 핀치는 원래 종류가 같았는데 각자 사는 섬의 환경에 적응해서 변화했다고 추측해 '진화론'에 이른 것이다.

그와 마찬가지로 일본이라는 섬나라의 핸드폰은 다른 나라의 핸드폰과 완전히 다른 모양으로 진화했다. 그것이 갈라파고스제도의 생물과 닮았다고 해서 갈라파고스 핸드폰이라고 부르게 된 것이다.

같은 종이라 해도 종내 변이에 따라 개체가 다양하다. 종내 변이 집단 사이의 차이가 더 커지면 집단과 집단이 만나도 자손을 남길 수 없을 때가 있다. 생물을 분류하는 기준 단위인 '종'은 생식으로 자손을 남길 수 있는 집단으로 묶인다. 그렇기에 집단이 나뉘어 서로 변화를 거친 결과 교배해서 종을 남길 수 없게 되면 그것은 다른 종이 된 것으로 본다. 이를 '종분화'라고 한다.

섬들이 바다로 나뉜 것처럼 생물 집단이 나뉘는 격리가 바로 종분화가 시작된 것이다. 앞에서 북쪽으로 분포를 넓힌 집단과 남쪽으로 분포를 넓힌 집단은 성질이 바뀔지도 모른다고 했다. 만약 원래 집단이 사라지고 북쪽 집단과 남쪽 집단만 남는다면 어떻게 될까? 분포는 불연속적으로 되고 기후에 따라 변화하던 연속성은 사라진다. 북쪽 집단과 남쪽 집단이 각각 진화하면 머지않아 양쪽 집단은 생식할 수 없을 정도로 완전히 달라질지도 모른다.

변화는 때로 우연히 일어난다

한 집단이 둘로 나뉜다고 생각해 보자. 크기가 비슷한 두 집단으로 나뉘는 경우와 큰 집단에서 작은 집단이 분리되어 나오는 경우 어느 집단에서 종분화가 진행될까?

한 집단이 크게 둘로 나뉘는 것을 '아령 격리'라고 한다. 이를 아령 씨가 발견해서 이런 이름이 붙은 것이 아니다. 여기서 아령은 운동할 때 쓰는 그 아령이다. 철제 아령의 오른쪽과 왼쪽이 균형을 잡을 수 있게 되어 있듯이 균등하게 둘로 나뉜다고 해서 이렇게 부른다. 그와 달리 큰 집단에서 작은 수가 분리되어 나올 때가 있는데, 이는 아령 격리와 다른 것일까?

인간의 혈액형은 A, B, O 조합으로 만들어진다. 이 조합 가운데 AA, AO가 A형이고 BB, BO가 B형, AB가 AB형, OO가 O형이다. A, B, O 비율은 세대를 거쳐도 크게 변하지 않는다. 이처럼 세대가 바뀌어도 유전자 빈도가 변하지 않는 것을 '하디·바인베르크 법칙'이라고 한다.

만약 같은 반 친구 중 10명만 다른 세계로 간다면 어떻게 될까? 그중에는 B형이 더 많을지도 모른다. B형은 B나 O 유전자를 가진 것이다. 그들 사이에 커플이 생겨 아이를 낳는다면 B형이 늘어날지도 모른다. 즉 다음 세대의 혈액형 비율이 변하는 것이다. 따라서 하디·바인베르크 법칙은 집단이 충분히 클 때 성립한다는 전제조건이 필요하다.

이때는 특별히 B형이 우수하다고 해서 뽑힌 것은 아니다. 우연히 뽑힌 사람들 중 B나 O 유전자를 가진 사람이 많았을 뿐이다. 또 다른 10명을 뽑으면 이번에는 A형이 많은 집단이 될지도 모른다. 이처럼 소수 집단이 나뉠 때는 우연성에 좌우된다. 이것을 '유전적 부동'이라고 한다.

아담과 이브처럼 한 쌍이 무인도로 건너가 자손을 늘린다면, 그리고 그 첫 쌍이 둘 다 O형이었다면 그 섬의 주민들은 모두 O형이 될 것이다. 이와 같은 현상을 '창시자 효과'라고 한다.

또 작은 집단에서 분리된 것이 아니라 작은 집단만 살아남고, 그 뒤 자손이 늘어났을 경우에도 첫 집단과 살아남은 자손이 늘어난 집단은 유전적 비율이 달라지는데, 이를 '병목효과'라고 한다. 병은 목 부분이 가늘어지는데, 이처럼 한 번 집단이 작아졌을 때 변화가 일어난다는 데서 유래한 말이다.

인간사회에 적응하여 변화한다

　기후나 자연환경에 적응하는 변화는 야생식물에서도 일어나는데, 이처럼 생육하는 환경에 적응한 집단을 '생태형 ecotype'이라고 한다. 잡초는 인간사회라는 특수한 환경에 적응한 식물일 뿐 아니라 인간의 생활이나 행동거지에 적응한 생태형이 나타나기에 오히려 재미있다.

　예를 들어 뚝새풀이라는 잡초는 밭에서 나는 집단과 논에서 나는 집단의 성질이 다르다. 이 둘은 씨앗 크기가 다른데, 과연 어느 쪽이 더 클까? 씨앗이 작은 잡초는 싹이 작게 트기에 경쟁력이 약한 대신 씨앗을 많이 만들 수 있다. 한편 큰 씨앗은 경쟁력이 강하지만 씨앗의 수는 적다.

　많지만 조그마한 씨앗과 적지만 큼직한 씨앗은 각각 밭과 논 중 어디서 더 유리할까? 논보다 밭이 예측 불가능한 변화가 일어나기 쉬운 불확실한 환경이라는 것이 힌트다. 짐작했겠지만 많지만 조그마한 씨앗은 밭을 선택하고, 적지만 큼직한 씨앗은 논을 선택한다.

　논은 해마다 땅을 갈아야 할 시기가 정해져 있지만 밭은 다양한 작물을 만들므로 그 시기가 정해져 있지 않다. 밭의 뚝새풀은 그렇게 불안정한 환경에서 자손을 남기기 위해 조금이라도 더 많은 씨앗을 남기려고 한다.

골프장에 적응한 잡초

뚝새풀과 이름이 비슷한 잡초에 새포아풀이 있다. 뚝새풀은 '참새총'이라고도 하는데, 전체 이삭 모양이 총과 닮았기 때문이다. 한편 새포아풀은 '참새의 홑옷'이라고도 하는데, 홑옷이란 한 겹으로 지은 기모노를 뜻한다. 소수라 불리는 작은 이삭이 기모노의 옷깃 여미는 부분과 닮았다고 하여 그런 이름이 붙었다.

새포아풀은 길가나 밭, 논, 공원 등 아무데서나 볼 수 있는 아주 흔한 잡초다. 북아메리카가 원산지로 귀화식물인 새포아풀은 전 세계에서 볼 수 있다. 세계를 무대로 활약하는 사람을 코즈모폴리턴(세계인)이라고 하는데, 잡초 중에서도 전 세계에서 볼 수 있는 종류를 '코즈모폴리턴'이라고 한다. 새포아풀이 바로 대표적인 코즈모폴리턴이다.

이 새포아풀은 일본에서는 골프장의 주요한 잡초로도 알려져 있다. 골프장의 티, 페어웨이, 런, 그린 등에서는 잔디를 각기 다른 높이로 베어준다. 그런데 놀랍게도 새포아풀은 잔디 깎기에 베이지 않도록 잔디 높이보다 더 낮은 위치에서 이삭을 맺는다.

러프는 비교적 높은 위치에서 잔디를 깎는 곳인데 여기에 있는 새포아풀은 잔디가 깎이는 높이까지 자랐다가 베이지 않도록 그보다 더 낮은 곳에서 이삭을 맺는다. 페어웨이는 그보다 더 낮은 위치에서 잔디를 깎지만 새포아풀은 그보다 낮은 위치에서 이삭을 맺는다.

골프장에서 가장 낮은 위치인 그린은 땅과 가까운 높이에서 아주 낮게 그것도 자주 잔디를 가지런히 깎는다. 그래서 새포아풀도 땅에 바싹 붙은 높이에서 이삭을 맺는다.

가소성인가, 변이인가

새포아풀이 장소에 따라 키가 다른 것은 환경에 맞게 외관을 바꾼 '표현형적 가소성'일까, 아니면 '유전적 변이'일까? 이는 씨앗을 가져와 같은 환경에서 재배해 보면 알 수 있다. 환경을 똑같이 맞췄더니 변화가 사라졌다면 그것은 표현형적 가소성이고, 환경이 같아도 차이가 있다면 그것은 유전적 변이다.

그럼 새포아풀은 어떨까? 새포아풀은 각각의 장소에서 씨앗을 가져와 같은 조건에서 길렀는데도 원래 있던 장소의 잔디 깎는 높이에 맞게 이삭을 맺었다. 그린에서 채취해 온 씨앗에서 싹이 난 개체 역시 한 번도 잔디를 깎지 않았는데도 땅과 아주 가까이에서 이삭을 맺었다. 이는 그린에서 나던 키 작은 새포아풀이 유전적으로 변이를 일으켰다는 것이다.

잡초는 유전적으로 다양한 집단이라서 늘 일정한 비율로 유전적 변이를 일으킨다. 골프장에서 잔디 깎는 높이보다 더 높은 곳에 이삭을 맺는 개체는 자손을 남길 수 없다. 잔디 깎는 높이보다 낮은 위치에서 이삭을 맺는 개체만이 자손을 남길 수 있다. 이렇게 각 장소에서 잔디 깎는 높이에 맞춰 이삭을 맺는 집단이 형성된 것이다.

종내 변이인가, 종분화인가

진화론에서는 적응한 개체만 살아남고 적응하지 못한 개체는 점점 멸종한다고 설명한다. 오래전 다윈은 "가장 강한 자가 살아남는 것도 아닐뿐더러 가장 현명한 자가 오래 사는 것도 아니다. 변화하는 자만이 유일하게 살아남는다"라고 말했다. 진화는 '유전적 변이'와 환경에 적응한 자만이 살아남는 '도태'로 일어난다. 진화는 정신이 아득해질 것만 같은 세월을 거치며 기후 변화나 천재지변 같은 지각 변동 등 위대한 지구의 역사 속에서 일어났다.

그러나 잡초가 생식하는 환경의 변화는 자연계에서 일어나는 것보다 단기간에 급격히 일어난다. 예컨대 변덕스러운 인간이 풀을 뽑아내면 그때 씨앗이 여문 개체는 후손을 남길 수 있다. 아직 싹이 나지 않은 개체도 땅속에서 살아남는다. 그러나 생육 단계에 있던 개체는 모두 뽑혀서 전멸되고 만다.

만약 풀을 정해진 시기에 뽑아낸다면 이 시기에 생육 과정에 있던 개체는 도태되고, 머지않아 풀 뽑는 시기보다 빨리 씨앗을 떨어뜨린 개체나 풀 뽑는 시기에 싹을 틔우지 않은 개체가 선발될 것이다. 이처럼 단기간에 반복되는 큰 도태압(바람직하지 못한 유전형이나 표현형을 제거하는 정도로, 선발차로 표현하거나 총개체 중 도태된 비율로 표시한다─옮긴이)과 함께 잡초의 변화는 단기간에 일어난다.

| 새포아풀이 적응한 모습 |

현재 우리가 보는 생물은 항상 진화의 결과물일 뿐이다. 온 갖 종분화는 모두 기나긴 진화 과정에서 일어났다. 진화를 두 눈으로 똑똑히 관찰한 사람은 없지만 잡초를 관찰하다 보면 종분화하는 순간을 목격한 듯한 기분이 든다.

변화하는 힘

잡초는 다양한 요인에 따라 유전적 변이만 크게 하는 것은 아니다. 또 다른 요인인 '표현형적 가소성'에 대해 알아보자.

식물도감을 보면 식물이 다 자랐을 때 키가 적혀 있다. 그러 나 잡초는 도감에 나온 모습과 완전히 다를 때가 가끔 있다. 도 감에는 몇십 센티미터라고 되어 있는 잡초가 키 큰 옥수수밭 에서 옥수수와 겨루느라 몇 미터까지 쑥쑥 자라기도 하고, 길 가에서 이리 치이고 저리 치이다 겨우 몇 센티미터밖에 자라 지 않은 채 꽃을 피우는 경우도 적지 않다. 꽃이 피는 시기도 도감에는 봄이라고 되어 있는데 겨울에 불쑥 피기도 한다. 정 말이지 잡초는 동에 번쩍 서에 번쩍 하는 식물이다.

이 표현형적 가소성이 크다는 것은 다양한 환경에 적응하

85
4장 환경에 따라 자신을 변화시킨다

는 데 중요한 성질이다. 몸의 크기 면에서 볼 때 식물은 동물보다 가소성이 크다. 인간은 같은 성인이라면 키가 큰 사람과 작은 사람이 아무리 차이가 나도 두 배가 넘는 일은 거의 없다. 그러나 식물은 한껏 올려다봐야 하는 거대한 나무와 자그마한 관상용 나무의 나이가 같을 때가 있다. 이 식물들 중에서도 잡초는 특히 가소성이 크다고 알려져 있다.

잡초의 크기 변화라고 하면 흔히 길가의 열악한 조건에서 작은 꽃을 피우는 잡초를 떠올릴 것이다. 미국의 잡초학자 하버드 G. 베이커는 〈잡초의 진화The Evolution of Weeds〉라는 논문에서 '이상적인 잡초의 조건'으로 열두 가지 항목을 들었는데, 그중 이런 내용이 있다.

"불량한 환경에서도 어느 정도 씨앗을 생산할 수 있다."

잡초는 아무리 열악한 환경에서도 꽃을 피우고 씨앗을 맺는다. 이는 그야말로 잡초의 진면목이라고 해도 좋다. 그러나 잡초의 위대함은 이게 다가 아니다.

좋을 때도, 나쁠 때도 최선을 다한다

베이커는 잡초가 불량한 환경에서도 씨앗을 남긴다고 했지만 그가 생각한 이상적인 잡초에는 이런 항목도 있다.

"좋은 환경에서는 씨앗을 많이 남긴다."

다시 말해 조건이 나빠도 씨앗을 남기지만 조건이 좋으면 씨앗을 더 많이 생산한다는 것이다. 그야 당연한 것 아니겠냐고 하겠지만 알고 보면 꼭 그렇지는 않다. 예컨대 우리가 재배하는 채소나 화단의 꽃들은 거름이 적으면 목숨을 부지하기도 힘들어 꽃을 피우지 않고 말라 죽을 때가 있다. 그럼 거름을 너무 많이 주면 어떻게 될까? 줄기나 잎만 무성해지고 중요한 꽃이 피지 않거나 열매가 적게 달리기도 한다. 마치 식물의 가장 중요한 임무인 '씨앗 남기기'를 잊어버린 것처럼 말이다.

그러나 잡초는 다르다. 잡초는 조건이 나쁠 때도 최대한 활약해서 씨앗을 생산하지만 조건이 좋을 때도 최대한 성과를 내서 씨앗을 많이 생산한다. 자기 자원을 씨앗 생산에 얼마나 분배하느냐 하는 지표를 '번식 분배율'이라고 하는데, 잡초는 개체 크기에 상관없이 번식 분배율이 가장 알맞다. 조건이 나쁘면 나쁜 대로, 조건이 좋으면 좋은 대로 최선을 다해 최대한

의 씨앗을 남기는 것이야말로 잡초의 강점이다.

목적을 위해 자유자재로 바뀐다

잡초가 가소성이 크다는 말은 '바꿀 수 없는 것은 바꿀 수 없다. 바꿀 수 있는 것을 바꾼다'는 뜻일 것이다. 잡초는 환경을 바꿀 수 없다. 그렇다면 바꿀 수 있는 것을 바꿀 수밖에 없는데 잡초가 바꿀 수 있는 것은 잡초 자신이다. 이것이 바로 잡초의 가소성이다. 그리고 잡초가 자유자재로 변화할 수 있는 이유는 '변화하지 않는 것에 있다'고 생각한다. 이 말은 무슨 뜻일까?

식물에 가장 중요한 것은 무엇일까? 그것은 꽃을 피워 씨앗을 남기는 것이다. 잡초는 이 부분에서 흔들림이 없다. 잡초는 어떤 환경에서든 꽃을 피우고 씨앗을 맺는다. 씨를 생산해야 한다는 목적이 명확하므로 목적지까지 가는 길은 자유롭게 고를 수 있다. 그래서 잡초는 크기를 바꾸거나 생활 패턴을 바꾸거나 자라는 방법도 자유자재로 바꿀 수 있다.

잡초의 이런 생존방식은 우리 인생에 시사하는 바가 크다.

우리도 살아가면서 바꿔도 좋은 것과 바꾸면 안 되는 것이 있다. 바꿔도 되는 것을 고집해서 괜히 에너지를 허비하기보다는 바꿔서는 안 될 중요한 것을 지키면 된다.

나카에 우시키치라는 사상가는 "인간은 각자 지켜야 할 원칙을 한두 가지만 가지면 된다. 다른 것들은 재깍재깍 타협하라"라고 말했다. 타협하라는 말이 강하게 들리지만 바꿔 말하면 지켜야 할 원칙만 똑바로 지키라는 뜻이다. 또는 불교의 수행법인 선禪 가운데 "여기저기서 주체를 만들면 서 있는 곳이 모두 진실이 된다"라는 말이 있다. 자신이 어느 곳에 있든 스스로 진실한 모습을 만날 수 있다는 뜻이다.

크기가 크든 작든 그것은 모두 잡초의 모습이다. 그리고 어떤 장소에 있든 잡초는 반드시 씨앗을 남긴다. 바꿀 수 없는 환경을 놓고 푸념해 봤자 소용없다.

잡초는 인간의 분류를 뛰어넘는다

앞에서도 소개했지만, 식물에는 생활사에 따른 분류가 있다. 한해살이식물은 1년 이내에 씨를 남기고 말라 죽는 식물을 말한다. 이 한해살이식물에는 봄에 싹을 틔워서 여름에 생육하는 여름 한해살이식물과 가을에 싹을 틔워서 겨울에 생육하는 겨울 한해살이식물이 있다. 겨울 식물은 해를 넘기므로 '월년생식물(월년초)'이라고도 한다. 이와 달리 여러 해 이상 생육하는 식물은 여러해살이식물이라고 한다.

잡초를 분류할 때 한 해를 사는 잡초는 '한해살이잡초', 여러 해를 사는 잡초는 '여러해살이잡초'라고 하듯이 식물을 분류할 때 식물이라는 부분을 잡초로 그대로 바꿔 부른다. 다시 말해 잡초는 한해살이잡초와 여러해살이잡초로 나뉘고, 한해살이잡초는 여름 한해살이잡초와 겨울 한해살이잡초(월년생잡초)로 나뉜다.

그러나 분류는 인간이 편하게 이해하기 위해 마음대로 정한 것이므로 자연계에 사는 생물들이 인간의 분류를 꼭 따라야 하는 것은 아니다. 그러다 보니 때때로 자연계에는 인간의 분류에 들어맞지 않는 것이 나타나거나 어느 쪽으로 분류해야 할지 고민되는 것이 나타나서 인간을 혼란에 빠뜨린다.

잡초는 표현형적 가소성이 크고 변화하는 식물이다. 그래서 인간이 정한 분류를 뛰어넘어 변화하는 경우가 적지 않다. 예를 들면 길가나 공터, 밭 등 다양한 장소에 자주 보이는 국화과 잡초에 망초가 있다. 망초는 가을에 싹을 틔우는 월년생잡초다. 그리고 겨울 동안 잎을 펼쳐 영양분을 비축했다가 봄부터 여름에 걸쳐 줄기를 뻗어 꽃을 피운다.

그러나 교란이 큰 장소에서는 천천히 생육해서 꽃을 피울 여유가 없으니 봄부터 여름에 걸쳐 발아하고 몇 주 동안 성장해서 꽃을 빨리 피운다. 다시 말해 여름 한해살이잡초로 사는 것이다. 망초는 북아메리카가 원산지인데, 겨울이 없는 열대 지역으로 퍼진 망초는 겨울을 넘길 필요가 없으므로 오로지 한해살이풀로 살아간다. 잡초는 이렇게 그때그때 상황에 맞게 생활사까지도 바꾼다.

인간은 정리하지 않으면 이해하지 못하는 생물이라서 스스로 이과와 문과, 예능과 체능 등으로 구별하기 좋아한다. 그리고 '남자다워라, 여자답게 행동해라' 또는 '넌 고등학생이니까……' 등 여러 가지로 분류해서 특징을 부여하려고 한다. 하지만 잡초의 자유로움을 보면 '이렇게 해야 해'라는 의무가 얼마나 편협한 생각인지 알 수 있다. 자연계는 인간계보다 훨씬 더 자유롭다.

5장

살아남기 위해
플랜B를 준비한다

꽃의 색에는 다 의미가 있다

길가에 가만히 고개를 내민 잡초가 피운 꽃을 보고 감명받은 적이 있는가. 하지만 야생식물은 인간들이 보라고 꽃을 피우는 것이 아니라 곤충을 불러 모아 꽃가루를 옮기기 위해 꽃을 피운다. 남몰래 피는 작은 잡초의 꽃도 마찬가지다. 모든 꽃은 곤충을 불러 모으기 위해 피어난다.

아름다운 꽃잎이나 향긋한 향기도 모두 곤충을 끌어모으기 위해 존재한다. 그래서 꽃의 색이나 모양에는 모두 합리적인 이유가 있다. 꽃은 어쩌다가 그냥 피는 것이 절대 아니다. 예컨대 초봄에는 노란색 꽃이 많이 핀다. 노란색 꽃을 알아서 찾아오는 곤충은 꽃등에같이 자그마한 등에 종류다. 물론 인간에게는 노란색으로 보인다 해도 곤충에게 무슨 색으로 보이는지는 곤충에게 물어봐야 알 수 있다. 흔히 곤충에게는 자외선이 보인다고 한다. 노란색 꽃에는 자외선이 적은데, 그것이 바로 꽃등에가 좋아하는 특징일지도 모른다.

꽃등에는 기온이 낮은 초봄에 가장 먼저 활동을 시작하는 곤충이다. 그래서 초봄에 피는 꽃은 꽃등에를 불러 모으기 위해 노란빛을 띤다. 사실 꽃등에가 좋아해서 꽃이 노란색으로 피었는지, 아니면 노란색 꽃이 많아져 꽃등에가 노란색을 좋아하게 되었는지는 닭이 먼저냐 달걀이 먼저냐처럼 알 수 없는 문제다. 어쨌든 초봄에는 노란색 꽃이 피고 노란색 꽃에 꽃등에가 모여든다는 식물과 곤충의 약속이 생긴 것이다.

그런데 꽃등에를 짝으로 삼기에는 문제가 있다. 꿀벌 같은 꿀벌상과 친구들은 종류가 같은 꽃들 사이를 날아다닌다. 그런데 꽃등에는 머리가 그렇게 좋지 않은 곤충이라 꽃의 종류를 식별하지 못해서 종류가 다른 다양한 꽃 사이를 날아다닌다. 이는 식물에는 좋지 않은 일이다. 같은 노란색 꽃이라도 민들레 꽃가루가 유채꽃으로 옮겨간들 씨앗은 생기지 않는다. 민들레 꽃가루는 민들레꽃으로 옮겨져야 하기 때문이다.

그렇다면 꽃등에가 꽃가루를 옮기는 식물들은 어떻게 해야 꽃가루를 제대로 옮길 수 있을까? 참 어려운 문제지만 들에 피는 잡초는 이 문제를 해결했다. 초봄에 노란색 꽃들은 한데 모여 꽃을 피운다. 꽃이 한데 모여 있으면 꽃등에는 가까이에 피어 있는 꽃들 사이를 날아다닌다. 그러면 결과적으로 종류가 같은 꽃으로 꽃가루를 옮기게 되는 것이다. 특히 작은 꽃등에는 나는 힘이 그렇게 세지 않아서 꽃이 한데 모여 피어 있으면 그 근처 꽃들 사이에서만 날아다닌다.

이렇게 초봄에 들꽃은 같은 장소에 뭉쳐서 핀다. 봄이 되면 꽃이 한가득 피어 꽃밭이 되는 것은 이런 이유 때문이다.

보라색 꽃은 누구를 짝으로 골랐을까

노란색 꽃은 꽃등에를 짝으로 삼아 꽃가루를 옮긴다. 그와 달리 보라색 꽃은 꿀벌 등 꿀벌상과를 짝으로 골랐다. 꿀벌은 보라색을 좋아한다. 보라색 꽃에는 자외선이 많으니 벌은 자외선을 신호로 삼을 수 있는 보라색 꽃을 골랐는지도 모른다.

꿀벌과 같은 꿀벌상과는 식물에 가장 바람직한 짝이다. 무엇보다 꿀벌은 일벌레로 여왕벌을 중심으로 해서 가족끼리 살아간다. 그래서 자신이 먹을 양식뿐만 아니라 가족을 위해 꽃들 위를 날아다니며 꿀을 모은다. 식물로서는 그만큼 많은 꽃가루를 옮겨주는 고마운 존재다.

게다가 벌은 머리가 좋아서 종류가 같은 꽃을 식별해 꽃가루를 옮겨준다. 또 벌은 비상 능력이 훌륭해서 먼 곳까지 날아갈 수 있으니 벌이 꽃가루를 옮겨주는 식물은 멀리 떨어져 피어도 꽃가루를 널리 퍼뜨릴 수 있다.

벌을 불러 모으는 꽃들은 이 훌륭한 짝을 유혹하려고 꿀을 한가득 머금고 벌이 날아오기를 기다린다. 그러다 보니 문제가 생긴다. 꿀을 그렇게 많이 준비해 놓으니 벌 말고 다른 곤충들까지 모여드는 것이다. 그럼 열심히 노력해서 준비한 꿀을 다른 곤충에게 빼앗기는 꼴이 되고 만다.

그럼 보라색 꽃은 어떻게 해야 벌에게만 꿀을 줄 수 있을까? 인기 있는 학교에 들어가려면 입학시험을 봐야 하듯이 보라색 꽃도 꿀을 줄 곤충을 고르려고 선발시험을 한다. 보라색 꽃은 형태가 복잡하다는 특징이 있다. 이 복잡한 형태가 바로 입시문제다. 근처에서 쉽게 볼 수 있는 광대나물꽃을 관찰해 보자.

광대나물꽃에는 어떤 비밀이 있을까

　광대나물은 제비꽃이나 민들레만큼 유명하지는 않지만 교과서에도 나올 만큼 주변에서 흔히 볼 수 있는 잡초다. 광대나물은 유심히 살펴보면 작지만 아주 아름다운 꽃을 피운다. 먼저 아랫입술꽃잎에는 반점 모양이 있다. 이것이 꿀이 있다는 것을 나타내는 밀표蜜標다. 벌은 안내 마크나 넥타 가이드라고도 불리는 이 밀표를 보고 꽃잎에 착륙한다. 아랫입술꽃잎이 헬리포트 역할을 하는 것이다. 광대나물은 벌이 찾아오기에는 작기 때문에 작은 꿀벌이 찾아온다. 그리고 꽃잎에 내려앉으면 착륙한 비행기를 유도하는 라인처럼 꽃 안쪽을 향해 밀표가 이어져 있다. 이 이정표를 따라 꽃 안쪽으로 들어가면 가장 깊숙한 곳에 꿀이 있다.

　옆에서 광대나물꽃을 살펴보면 꽃 모양이 길쭉하고 안쪽으로 깊숙하다. 그래서 일반 곤충들은 이 좁은 곳으로 파고들어 갔다가 뒷걸음질치며 나오기를 상당히 힘들어한다. 그런데 벌은 꽃의 깊숙한 곳으로 들어가는 데 도가 텄다. 밀표가 꿀이 있는 곳을 알려주는 신호라는 것을 이해하는 똘똘함, 꽃 속으로 들어갈 수 있는 용기와 체력을 갖춘 곤충만이 꿀을 가질 수 있

| 광대나물과 벌은 짝꿍 |

다. 이렇게 광대나물은 지력 테스트와 체력 테스트를 거쳐 짝으로 손색없는 벌에게만 꿀을 주는 데 성공했다. 광대나물뿐만 아니라 보랏빛을 띤 꽃은 모두 밀표를 갖고 있고 안쪽으로 깊숙한 구조로 되어 있다.

제비꽃도 살펴보자. 제비꽃도 맨 아래 꽃잎에 줄무늬의 밀표가 있다. 그리고 밀표를 따라가면 꽃 안쪽으로 깊숙하게 들어갈 수 있다. 제비꽃을 옆에서 보면 꽃 속을 길게 만들기 위해 꽃의 끝이 아닌 가운데에 줄기가 붙어 모빌처럼 균형을 잡고 있는 것을 알 수 있다.

처음부터 벌이 꽃 속으로 파고드는 데 능했는지는 알 수 없다. 꽃은 벌만 속으로 들어가는 것을 허락하기 위해 길게 진화했고, 벌 역시 꽃 속으로 들어갈 수 있도록 진화했다. 그렇게 난도를 높이면서 마침내 다른 곤충은 들어가지 못하고 벌에게만 꿀을 줄 수 있도록 진화한 것이다. 이렇게 식물과 벌은 함께 진화를 이루었다.

꽃과 곤충의 공생관계

꿀벌 같은 꿀벌상과 친구들은 머리가 좋아서 종류가 같은 꽃을 돌아다니며 꽃가루를 옮긴다고 했다. 그런데 희한한 일이 있다. 벌은 꿀을 얻으려고 할 뿐 식물을 위해 일해야 할 의무는 없다. 굳이 종류가 같은 꽃이 아니라 근처에 있는 아무 꽃이나 돌아다녀도 되지 않을까? 광대나물의 꽃가루가 제비꽃으로 옮겨졌다 한들 벌과는 아무런 상관이 없다. 그런데 어째서 벌은 굳이 종류가 같은 꽃만 찾아갈까?

학교 입학시험에는 해마다 다른 문제가 나온다. 만약 어떤 학교에서 작년과 완전히 똑같은 문제를 내면 어떻게 될까? 기출문제만 공부하면 간단히 시험을 잘 볼 수 있다. 그런 학교가 있다면 너나없이 시험을 보려고 할 것이다.

벌도 마찬가지다. 시험을 통과해서 한번 꿀에 도달한 벌은 같은 구조로 꿀을 얻을 수 있는 꽃으로 또 가게 마련이다. 다른 꽃에 가면 또 밀표를 풀어서 안으로 들어가야 하고, 겨우 꽃 속으로 들어갔다 해도 꿀이 있으리라는 보장이 없다. 그렇다면 구조가 같아서 확실하게 꿀을 얻을 수 있는 꽃으로 가는 게 당연하다. 그래서 벌은 종류가 같은 꽃을 찾게 되고 순조롭게 식물들의 가루받이 역할을 하는 것이다.

모든 생물은 자기 이익을 위해 이기적으로 행동한다. 거기에는 아무런 약속도, 도덕심도 없다. 그러나 인간 눈에는 그런 이기적인 행동이 결과적으로 식물과 곤충이 상부상조하며 서로 득이 되는 관계를 만들어 가는 것처럼 보인다. 자연계의 구조가 얼마나 잘 만들어져 있는지 알게 되면 새삼 감탄할 수밖에 없다.

풍매화에서 충매화로 진화하다

식물은 바람으로 꽃가루를 옮기는 풍매화에서 곤충이 꽃가루를 옮기는 충매화로 진화했다. 생물의 진화 과정에서 처음에 꽃을 찾은 곤충은 꽃가루를 먹으러 온 해충이었다고 추측된다. 꽃가루를 먹은 해충이 꽃에서 꽃으로 이동하면 몸에 붙은 꽃가루도 같이 따라간다. 이는 식물에도 좋은 소식이었다.

바람에 실려 날아가는 꽃가루가 종류가 같은 꽃에 안착할 확률은 크지 않다. 그래서 풍매화 식물은 꽃가루를 많이 만들어 여기저기 흩뿌려야 했다. 그러나 곤충은 꽃에서 꽃으로 이동하므로 만약 곤충이 꽃가루를 옮겨준다면 효율이 무척 좋을 것이다. 어디로 날아갈지 모르는 꽃가루도 잔뜩 만드는데, 조금 먹히는 것쯤이야 아무런 영향도 미치지 않는다.

이렇게 식물은 곤충을 불러 모았고, 그 곤충이 꽃가루를 옮겨주는 충매화로 진화했다. 그리고 곤충을 끌어들이려고 아름다운 꽃잎을 발달시켰고, 마침내 곤충을 위해 달콤한 꿀까지 준비해 이제는 우리가 보는 것과 같은 꽃으로 진화했다.

풍매화에서 충매화로 진화하는 일은 겉씨식물에서 속씨식물로 진화하는 과정에서 일어났다. 겉씨식물에서 속씨식물로 진화한 것은 식물 역사에서 그야말로 혁명적인 일이었다. 먼저 겉씨식물과 속씨식물에 대해 정리해 보자.

장차 씨가 될 밑씨인 배주胚珠가 겉씨식물은 밖으로 드러나 있지만 속씨식물은 씨방으로 둘러싸여 감춰져 있다. 배주가 밖으로 나와 있는지 아닌지가 종자식물을 크게 두 부류로 나눌 만큼 중요한 것이지만, 배주가 씨방에 둘러싸여 있다는 것은 식물 진화에서 큰 사건이었다.

식물에 가장 중요한 것은 다음 세대의 씨다. 속씨식물은 이 씨를 감싼 씨방을 만들어 이 속에서 수정할 수 있게 되었다. 씨방 속은 안전해서 그 안에 미리 배주를 준비해 둘 수 있다. 이렇게 해서 속씨식물은 수정부터 씨 형성까지 속도를 크게 올리는 데 성공했다.

이렇게 속씨식물은 짧은 기간에 씨를 만들고 세대를 갱신하며 진화 속도를 앞당기는 데 성공했다. 바람에 꽃가루를 날리던 풍매화에서 곤충을 이용해 꽃가루를 효과적으로 옮기는 충매화로 진화한 것이다.

다시 풍매화로 진화하다

식물은 겉씨식물에서 속씨식물로 진화하면서 충매화를 얻을 수 있었다. 그래서 겉씨식물은 모두 풍매화다. 꽃가루를 대량으로 흩뿌려서 꽃가룻병을 유발하는 삼나무나 노송나무 등은 겉씨식물이다. 그러나 꽃가룻병의 원인이 되는 풍매화에는 돼지풀이나 벼과 잡초 등 속씨식물도 있다.

곤충이 꽃가루를 옮기게 하는 충매화는 효율이 좋기는 하지만 곤충이 없는 환경에서는 손쓸 방법이 없다. 그래서 꽃가루를 옮기는 곤충이 적은 환경에서는 다시 풍매화로 진화한다. 돼지풀은 국화과 식물인데 국화과에는 해바라기나 민들레 등 아름다운 꽃을 피우는 충매화가 많다. 하지만 같은 국화과이면서 풍매화인 식물도 많은데 돼지풀은 뛰어나게 진화하는 과정에서 다시 풍매화가 되었다. 낡았지만 새롭다고나 할까?

속씨식물은 떡잎이 두 장인 쌍떡잎식물과 떡잎이 한 장인 외떡잎식물로 나뉜다. 쌍떡잎식물 중 가장 진화한 국화과 식물이 충매화인 것과 달리 외떡잎식물 중 가장 진화했다고 하는 벼과 식물은 모두 풍매화다. 백합과 식물을 조상으로 둔 벼과 식물은 닭의장풀과 식물을 거쳐 진화했다. 백합과나 닭의장풀과 가운데 아름다운 꽃을 피우는 것이 많은데 벼과 식물도 충매화에서 풍매화로 진화한 식물이다.

왜 꽃가루를 옮겨야 할까

식물은 왜 힘들여 곤충을 불러 모아야 할까? 원래 식물의 꽃 속에는 꽃가루를 만드는 수술과 꽃가루를 받는 암술이 있으니 자신의 수술에 있는 꽃가루를 암술에 붙여서 꽃가루받이를 하면 되지 않을까?

다른 꽃과 꽃가루를 교환하는 '딴꽃가루받이(타가수분)'의 장점 가운데 하나는 유전적으로 다양한 자손을 남길 수 있다는 것이다. 만약 형질이 비슷한 자손만 낳으면 어떻게 될까? 어떤 개체가 추위에 약하면 다들 추위에 약해지고, 어떤 개체가 병에 약하면 일제히 그 병에 걸릴 것이다. 그런 상황을 피하려면 되도록 다양한 자손을 남기는 것이 유리하다.

자신의 꽃가루를 자기 암술에 붙이는 '제꽃가루받이(자가수분)'를 하면 난처한 일이 생긴다. '멘델의 유전법칙'은 완두콩 실험으로 밝혀졌는데, 완두는 제꽃가루받이를 하는 식물이다. 혹독한 자연계에서 살아가는 식물은 딴꽃가루받이를 하는 것이 좋지만, 재배하는 작물은 웬만하면 형질이 비슷비슷해야 좋다. 겨우 우수한 작물로 품종을 개량했는데 딴꽃가루받이를 해서 다시 엉망진창이 되어서는 안 된다. 그래서 인간이 재배하는 작물은 제꽃가루받이를 해서 형질을 고르게 하는 경우가 많다. 완두도 벌이 와주길 바라는 듯한 꽃 모양을 하고 있지만, 사실은 벌이 꽃 속으로 들어가는 걸 거부하고 제꽃가루받이를 한다.

멘델의 법칙을 이용한 작물

멘델의 유전법칙을 정리해 보자. 완두에는 콩에 주름이 잡히지 않는 유전자 A와 주름이 잡히는 유전자 a가 있다. 이때 A와 a를 '대립유전자'라고 하며 유전자 A를 '우성유전자', 유전자 a를 '열성유전자'라고 한다. 유전자는 항상 짝을 이뤄 존재하므로 A와 a를 두 개 가지는 조합은 AA, Aa, aa 세 종류다.

AA는 주름이 없는 콩이 되고, aa는 주름이 있는 콩이 된다. Aa는 우성유전자인 A가 우세해서 주름이 없는 콩이 된다. 그렇다고는 해도 주름이 없는 우성유전자 A가 주름이 있는 열성유전자 a보다 형질이 뛰어나다는 뜻은 아니다. 그냥 겉보기에 콩의 형질은 우성유전자가 더 우선한다는 뜻이다.

그렇다면 AA와 aa를 교배하면 어떻게 될까? 이는 A와 a의 조합이므로 모두 Aa가 된다. 다시 말해 주름이 없는 콩이 되는데 이것이 바로 '우성의 법칙'이다. 그리고 AA와 aa를 교배한 세대를 '잡종 1세대F_1'라고 한다. 'F_1 종자'가 화제에 오른 적이 있는데, 채소나 꽃의 씨앗이 담긴 봉투를 보면 'F_1'이나 '교배'라는 단어가 쓰여 있다. 이런 말들이 F_1 종자라는 사실을 나타낸다.

멘델의 법칙을 따르면 AA와 aa라는 부모를 교배했을 때, 모든 자손이 Aa가 되어 형질이 고르게 나타난다. 식물은 원래 자손이 다양한 환경에 적응하기를 바라므로 성질이 각각 다른 씨를 만들려고 한다. 그러나 작물을 만들 때는 성질이 고르지 않으면 좋지 않다. 수확 관리를 하려면 성질이 비슷해야 더 좋기 때문이다. 그래서 멘델의 법칙을 이용하여 AA 품종과 aa 품종을 교배하면 성질이 고른 채소나 꽃을 만들 수 있다. 이 F_1 세대의 종자가 F_1 종자다.

제꽃가루받이가 불리한 이유

멘델의 유전법칙에는 우성의 법칙에 이어 분리의 법칙도 있다. F_1 세대인 Aa끼리 제꽃가루받이를 했을 때 얻은 씨는 '잡종 2세대F_2'가 된다. F_2 세대는 Aa끼리 조합했을 때 AA:Aa:aa=1:2:1이라는 비율이 나온다. 그래서 우성유전자 A를 가진 주름 없는 종자와 열성유전자 a만으로 이루어진 주름 있는 종자의 비율은 3:1이 된다. 이것이 분리의 법칙이다.

이때 같은 대립유전자를 가진 AA나 aa 같은 유전자형은 '동

형접합체'라고 하며 다른 대립유전자를 가진 Aa와 같은 유전
자형은 '이형접합체'라고 한다. 제꽃가루받이를 하면 이처럼
열성유전자의 동형접합체가 나타나는 것이다.

여기서 제꽃가루받이를 반복하면 어떻게 될까? 잡종 2세대
인 AA, Aa, aa를 제꽃가루받이를 한 다음 세대를 살펴보자. 계
산은 생략하지만, 다음 세대는 AA:Aa:aa가 6:4:6이 된다. 다
시 말해 주름 없는 콩과 주름 있는 콩이 10:6이 된다. 일반적으
로 나타나기 어려운 aa라는 유전자형이 높은 확률로 나타난
다는 사실이 한눈에 보인다.

멘델의 법칙에는 우성의 법칙과 분리의 법칙 외에 독립의
법칙도 있다. 주름이 없는 유전자 A나 주름이 있는 유전자 a와
마찬가지로, 예를 들면 콩의 색을 결정하는 유전자에는 노란
색 콩 유전자 B와 녹색 콩 유전자 b처럼 대립유전자가 있다.
이때 콩의 주름에 관여하는 A, a와 콩의 색깔에 관여하는 B, b
는 각각 서로 관계하지 않고 독립된 존재로 우성의 법칙이나
분리의 법칙을 따른다는 것이 독립의 법칙이다.

그래서 제꽃가루받이를 반복하면 aa, bb처럼 열성유전자
인 동형접합체가 많이 나타난다. 유전자는 무수히 많으므로
제꽃가루받이를 하면 셀 수 없을 만큼 많은 열성유전자의 동

형접합체 조합이 생길 것이다. 열성유전자가 결코 뒤떨어진다는 뜻은 아니지만, 문제는 aa라는 열성유전자의 동형접합체가 생기기 쉽다는 것이다. 이 조합이 이루어지면 딴꽃가루받이를 했을 때 나타나기 어려운 형질이 나온다.

이처럼 일반적으로 나타나기 어려운 동형접합체의 조합 중에는 생존에 약하거나 유해한 형질이 있을지도 모른다. 또 이러한 조합이 반복되면 자칫 죽음에 이를지도 모른다. 이렇게 제꽃가루받이를 하면 약한 자손이 늘어나게 된다. 이러한 현상을 근교약세近交弱勢라고 한다.

제꽃가루받이를 피하는 식물

제꽃가루받이는 위험 부담이 크므로 식물은 제꽃가루받이를 피하고 딴꽃가루받이를 하려고 한다. 하지만 식물은 일반적으로 꽃 하나에 수술과 암술이 같이 있어 자칫 하다가는 자기 수술에서 나온 꽃가루가 암술로 옮겨 붙어 제꽃가루받이를 하게 된다. 그래서 식물은 자신의 꽃가루가 암술에 붙지 않도록 여러 가지 지혜를 짜냈다.

일반적으로 식물의 꽃은 수술보다 암술이 더 긴데 수술이 더 길면 수술에서 꽃가루가 떨어져 암술에 붙을 수 있기 때문이다. 그중에는 수술과 암술이 여무는 시기를 조절하는 자웅이숙雌雄異熟이라는 구조도 있다. 이를테면 암술이 성숙하기 전에 수술이 먼저 성숙해서 암술이 성숙할 즈음에는 수술이 꽃가루를 만들어내지 못하게 하거나, 반대로 암술이 성숙을 마친 후 수술이 성숙해서 꽃가루를 만들어내도록 시기를 달리하면 제꽃가루받이를 피할 수 있다.

꽃 모양을 두세 종류 집단으로 나눠 종류가 같은 꽃끼리는 교배할 수 없도록 하는 이형화주성異形花柱性이라는 구조도 있다. 예를 들면 앵초에는 암술이 길고 수술이 짧은 장주화長柱花와 암술이 짧고 수술이 긴 단주화短柱花라는 두 유형이 있다. 장주화의 짧은 수술과 단주화의 짧은 암술은 위치가 같기 때문에 벌의 몸에 붙은 장주화의 꽃가루는 다음에 벌이 찾은 단주화의 암술에 붙기 쉽다. 마찬가지로 수술이 긴 단주화의 꽃가루는 암술이 긴 장주화의 암술에 붙기 쉽다. 이처럼 다른 유형끼리 꽃가루가 잘 붙도록 되어 있을 뿐만 아니라, 같은 유형끼리 꽃가루가 붙었다 해도 꽃가루받이를 할 수 없다는 특징이 있다.

이렇게 제꽃가루받이를 하지 않으려고 노력하는데도 자신의 수술에 있는 꽃가루가 암술로 옮겨 붙는 일이 일어난다. 그럴 때는 수술이 화학물질 등으로 꽃가루를 공격하고 꽃가루가 발아해서 꽃가루관을 늘리거나 수정을 막기도 하는 자가불화합성自家不和合性이라는 복잡한 구조도 있다.

그렇게까지 해서 제꽃가루받이를 막기가 귀찮으니 수꽃과 암꽃을 따로 피게 하는 암수딴꽃이나 동물처럼 수포기와 암포기가 따로 있는 암수딴포기 등의 식물도 발달했다.

왜 꽃 하나에 수술과 암술이 같이 있을까

제꽃가루받이를 막으려고 이렇게 고생하면서 왜 굳이 꽃 하나에 수술과 암술이 같이 있을까? 식물 중에는 오이 같은 박과처럼 수꽃과 암꽃이 처음부터 나뉜 것도 있고, 다래처럼 수그루와 암그루로 구분된 것도 있다. 이들 식물은 자가불화합성에 들이는 수고를 덜어내면서 제꽃가루받이를 할 위험도 피할 수 있다. 수컷과 암컷으로 나뉘는 동물처럼 식물도 수컷과 암컷으로 나뉘면 복잡한 자가불화합성을 발달시킬 필요가 없다.

동물 중에도 지렁이나 달팽이처럼 암컷과 수컷이 한 몸인 것이 있다. 지렁이나 달팽이는 이동 능력이 떨어져 너무 먼 곳까지 움직일 수 없다 보니 수컷과 암컷이 만날 기회가 많지 않다. 그래서 어떤 상대를 만나든 자손을 남길 수 있도록 수컷과 암컷 둘 다 가지고 있다. 식물은 움직일 수 없으니 지렁이나 달팽이만큼도 이동할 수 없다. 그래서 식물도 꽃 하나 속에 암술과 수술 둘 다 가지고 있는 것이다.

식물과 식물을 이어주는 일은 꽃가루를 매개하는 곤충이 한다. 만약 수꽃과 암꽃으로 나뉘어 있다면 수꽃에서 꽃가루를 갖고 온 곤충이 똑같은 수꽃으로 날아가 봤자 꽃가루받이를 할 수 없다. 또 암꽃에 먼저 들렀다 수꽃에는 나중에 찾아가면 꽃가루를 옮기지 못한다. 꽃 하나에 수술과 암술이 같이 있으면 곤충이 한 번만 꽃을 찾아도 꽃가루를 가져가라는 수술의 바람과 다른 꽃에서 꽃가루를 가져오라는 암술의 바람을 모두 이룰 수 있다.

앵초의 암수

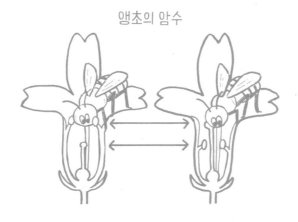

오이의 암수

수꽃

암꽃

| 제꽃가루받이를 피하는 구조 |

딴꽃가루받이보다 제꽃가루받이

다른 개체와 꽃가루를 주고받는 딴꽃가루받이는 성질이 다양한 자손을 만드는 데 유리하다. 그래서 식물은 아름다운 꽃을 피우는 등 고생하면서 딴꽃가루받이를 하는 것이다. 그리고 자가불화합성을 발달시켜 자기 꽃가루로 꽃가루받이를 하는 제꽃가루받이를 막는다. 그런데도 잡초라 불리는 식물은 일부러 제꽃가루받이를 발달시키니 어떻게 된 일일까? 사실 제꽃가루받이는 금단의 열매와 같다.

어쨌든 제꽃가루받이를 하면 변덕스러운 곤충에게 의존하지 않아도 확실하게 꽃가루받이를 할 수 있다. 게다가 꽃가루받이를 확실히 할 수 있으니 꽃가루 양이 적어도 상관없다. 굳이 많은 노력을 들이지 않아도 되는 것이다. '근교약세' 같은 번거로운 상황만 없으면 제꽃가루받이가 훨씬 더 이득이다.

잡초는 불안정한 환경에서 자라난다. 어쩌면 주변에는 꽃가루를 교환할 만한 친구가 없을 수도 있고, 꽃가루를 매개해 주는 곤충이 없을 수도 있다. 그런 가혹한 환경에서 자라나는 잡초에 딴꽃가루받이는 사치스러운 말이다. 그런 가혹한 환경에 놓인 식물들은 어쩔 수 없이 제꽃가루받이를 할 수밖에 없다.

이때 근교약세가 문제인데, 이는 딴꽃가루받이를 했을 때 나타나지 않았던 유전자형이 많이 나타나면서 약한 형질이 되는 것이다. 그러나 제꽃가루받이가 반복되면 형질이 약한 개체는 도태되고 제꽃가루받이를 해도 형질이 약해지지 않는 자만 살아남는다. 이렇게 해서 제꽃가루받이를 할 수 있는 식물이 탄생하는데 그 대표적인 식물이 바로 잡초다.

아무리 그래도 제꽃가루받이는 눈앞에 당장 다가오는 단기적 이익이 있다는 점만 유리하다. 제꽃가루받이를 반복하면 유전적 다양성을 잃게 되므로 장기적으로는 환경의 변화를 극복하기 어려워진다. 그래서 단기적으로는 제꽃가루받이가 유리하다 해도 장기적으로 봤을 때는 딴꽃가루받이가 더 유리하다.

뚝새풀의 선택

4장에서 종내 변이의 한 예로 뚝새풀을 들어 논에서 나는 집단과 밭에서 나는 집단이 있다고 소개했다. 논에서 나는 뚝새풀은 수가 적고 크기가 큰 종자, 밭에서 나는 뚝새풀은 수가 많고 크기가 작은 종자를 선택했다.

논에서 나는 뚝새풀과 밭에서 나는 뚝새풀은 생식 양식도 다르다고 알려져 있다. 논 뚝새풀과 밭 뚝새풀 중 어느 쪽이 제 꽃가루받이를 하고 어느 쪽이 딴꽃가루받이를 할까?

제꽃가루받이는 자기 완결이기에 친구가 없어도 씨를 확실히 남길 수 있다. 그러나 씨는 부모 유전자를 모두 이어가므로 부모 능력 범위에서만 능력을 남길 수 있을 뿐이어서 유전적 다양성이 떨어진다. 한편 딴꽃가루받이는 다른 개체와 교배하므로 다양한 유전자 조합을 만들 수 있어 부모와는 다른 능력을 지닌 씨가 생긴다. 그러나 교배할 대상이 없으면 수정할 수 없다는 위험도 있고, 수분 효율도 낮아서 꽃가루도 많이 준비해야 하니 수고가 많이 든다. 논에서 나는 뚝새풀과 밭에서 나는 뚝새풀은 각각 제꽃가루받이와 딴꽃가루받이 중 어느 쪽을 선택할까?

더 혹독한 환경에서는

의외라고 생각할지 모르겠지만 더 혹독한 환경처럼 보이는 밭에서 나는 뚝새풀이 더 위험하고 수고스러운 딴꽃가루받이를 선택한다. 밭에서는 다양한 채소나 작물을 기른다. 농작물의 종류에 따라 밭을 가는 시기나 수확 시기가 제각각이다. 언제 갈아엎을지 모르는 치열한 환경에서는 수고를 더 들여서 딴꽃가루받이를 할 여유가 없을 것 같다. 그러나 오히려 환경을 예측할 수 없기 때문에 종류가 다양한 자손을 남겨야 할 필요가 있다. 변화가 심한 밭에서는 어떤 유형이 성공할지 알 수 없으니 씨를 최대한 많이 남기는 데 우선순위를 두어 다양한 자손을 남기는 것이다. 다양성은 그만큼 중요하다.

한편 논에서 나는 뚝새풀은 제꽃가루받이를 한다. 뚝새풀은 가을에 싹을 틔우고 봄에 씨를 뿌린다. 논에서는 벼베기가 끝난 뒤 싹을 틔우고 논에 물을 채우기 전에 씨앗을 만든다. 벼베기나 모내기는 시기가 해마다 정해져 있어 예측 불가능한 일이 아니니 이 작업 일정에 적응하면 그만이다. 그럴 때는 싹을 일찍 틔우거나 늦게 틔우거나, 이삭을 일찍 맺거나 늦게 맺는 등 형질을 다르게 하기보다는 논 작업에 맞춰 한꺼번에 싹을 틔우고 이삭을 맺는 편이 더 낫다. 그래서 제꽃가루받이로 형질을 일정하게 유지하는 것이 유리하다.

잡초의 양다리 전략

제꽃가루받이와 딴꽃가루받이에는 각각 장점과 단점이 있다. 그렇다면 식물은 어느 쪽을 선택해야 유리할까? 이런 질문을 잡초더러 하는 것은 어리석은 일이다. 잡초가 자라나는 환경은 대개 불안정해서 상황에 따라 얼마든지 바뀔 수 있으니 어느 쪽이 더 유리한가에 대한 답은 잡초세계에는 없다. 오히려 잡초는 양쪽 다 갖는 게 좋다. 그래서 잡초는 제꽃가루받이와 딴꽃가루받이를 상황에 따라 다 할 수 있는 '양다리 전략'을 선택한다.

예컨대 닭의장풀은 하루만 피는데 오전에 피었다가 오후에 진다. 만약 이 사이에 곤충이 찾아오지 않는다면 닭의장풀은 꽃가루받이를 해서 씨를 남길 수 없다. 그래서 닭의장풀은 꽃이 오므라들 즈음이 되면 암술이 안쪽으로 휘어 들어간다. 이때 툭 튀어나와 있던 수술도 마찬가지로 휘어 들어가 암술에 꽃가루를 붙여 제꽃가루받이를 한다. 별꽃이나 큰개불알풀 등도 꽃이 질 즈음 수술이 중앙으로 모여 꽃가루받이를 하는데 이 또한 제꽃가루받이를 알아서 하는 구조다.

그밖에 폐쇄화閉鎖花라는 구조도 있다. 보랏빛 제비꽃이 봄에 핀다는 것은 누구나 알지만, 제비꽃이 여름에도 꽃을 피우는 폐쇄화라는 사실을 아는 사람은 많지 않다. 여름에 날이 더워지면 꽃을 찾아오는 곤충이 적어진다. 그런 여름에도 제비꽃은 꽃봉오리를 달고 있는데 결코 봉오리가 벌어지는 일은 없다. 사실 제비꽃은 꽃봉오리를 열지 않고 그 속에서 수술이 암술에 직접 붙어 꽃가루받이를 하는 것이다. 이것이 폐쇄화인데 꽃봉오리 상태에서 폐쇄화는 녹색을 띠므로 아무도 알아차리지 못할 뿐이다.

앞서 소개한 광대나물도 그렇게 머리를 써서 열심히 꽃을 피우지만 여름에는 잎이 붙은 자리에서 꽃봉오리 상태로 폐쇄화를 피운다. 이렇게 잡초는 딴꽃가루받이를 하면서도 제꽃가루받이라는 보험을 걸어둔다. 그중 하나를 선택하는 것이 아니라 항상 여러 가지 옵션을 준비해 두는 것이 잡초의 전략이다.

6장

새로운 곳을 찾아
번식한다

움직이지 못하는 식물이 이동할 기회

식물은 기본적으로 움직이지 못하지만 이동해서 분포 지역을 확대할 기회가 두 번 있다. 하나는 꽃가루를 이용하는 것이다. 식물은 바람으로 꽃가루를 날리거나 곤충에게 옮기게 해서 꽃가루받이를 한다. 식물의 개체가 이동하는 것은 아니지만 유전자 레벨에서는 이렇게 이동해서 먼 곳까지 자손을 남길 수 있다.

그래서 식물은 꽃가루를 바람에 날려 보내거나 곤충에게 옮기게 하려고 다양한 작전을 세운다. 특히 곤충에게 옮기게 하려면 곤충을 꽃으로 불러들여야 하므로 식물은 이런저런 수단을 가리지 않고 곤충을 부르려 애쓴다. 아름다운 꽃잎도 가득한 향기도 달콤한 꿀도 모두 곤충을 불러 모으기 위해 식물이 준비한 미끼다.

또 다른 기회는 씨앗을 이용하는 것이다. 꽃이 다양한 전략을 발달시킨 것과 마찬가지로 씨앗 또한 다양한 전략을 세운다. 꽃가루가 이동해서 도착한 곳에는 꽃가루를 받아줄 짝이 있어야 한다. 따라서 완전히 새로운 곳에 자손을 퍼뜨릴 수 없지만 씨앗은 식물의 자손 그 자체다. 씨앗이 먼 곳으로 이동하면 바로 자손들이 널리 퍼져 번식하는 것이다.

씨앗은 식물의 엄청난 발명

식물이라면 당연히 씨앗을 생산한다고 생각하겠지만 사실은 그렇지 않다. 식물이 선태식물, 양치식물, 겉씨식물, 속씨식물 순으로 진화해 왔다는 것은 과학시간에 배웠을 것이다. 이 가운데 선태식물과 양치식물이 포자로 번식하는 것과 달리 겉씨식물과 속씨식물은 씨를 생산하므로 '종자식물'이라고 한다.

종자식물보다 오래된 식물인 선태식물이나 양치식물은 씨

가 아니라 포자로 이동한다. 포자는 씨와 닮은 듯하지만 종자 식물로 따지면 수정하기 전의 꽃가루에 해당한다. 그리고 포자로 번식하는 식물은 수정한 뒤 멀리 이동하지는 못한다.

종자식물은 이동할 기회를 수정하기 전에는 꽃가루 상태로, 수정한 다음에는 씨앗 상태로 두 번 얻을 수 있다. 이렇듯 씨앗은 식물을 혁명적으로 발달시킨 큰 발명이었다. 이 씨앗 덕분에 식물은 극적으로 널리 퍼질 수 있게 되었다. 게다가 씨앗은 건조에 강하다. 식물의 역사를 보면, 씨앗을 발명함으로써 식물은 물가를 떠나 내륙으로 진출할 수 있었다. 그리고 땅은 식물로 뒤덮이게 되었다.

식물의 진화에서 씨앗은 획기적인 존재다. 씨앗은 딱딱한 껍질로 보호받으므로 건조에 견딜 수 있을 뿐 아니라 씨앗 속에 들어 있는 싹은 껍질의 보호를 받으며 발아시기를 언제까지나 기다릴 수 있다. 식물은 물이 없으면 말라 죽는데, 씨앗은 물이 없어도 긴 시간 기다릴 수 있다. 아주 오래된 씨앗에서 싹이 났다는 뉴스를 종종 보듯이 씨앗은 시간을 뛰어넘는 타임캡슐과 같다. 그리고 오랜 시간 유지된다는 것은 그동안 장거리를 이동할 수 있다는 뜻이다. 씨앗이라는 타임캡슐은 시간과 공간을 뛰어넘는다.

종이뭉치를 멀리 이동시키려면

종자식물에는 꽃가루와 씨앗을 이용해 이동할 기회가 있으며 식물은 이 기회에 모든 것을 쏟아붓는다. 꽃가루나 씨앗은 식물의 전략이 얼마나 대단한지 보여주는 증거물이라고 할 수 있다.

씨앗은 꽃가루에 비하면 훨씬 무겁고 커서 멀리 운반하기가 상당히 어려워 보이는데 식물은 어떻게 씨앗을 이동시킬까? 예를 들어 종이를 돌돌 말아 만든 종이뭉치를 생각해 보자. 이 종이뭉치를 먼 곳으로 가져가려면 어떻게 해야 할까?

일단 종이뭉치를 멀리 던져보는 것도 좋은 방법이다. 종이를 펼쳐 비행기를 접어 날리면 종이비행기가 바람을 타고 훨씬 먼 곳까지 날아갈 수 있을지도 모른다. 만약 강이 있다면 물에 띄워 보내는 방법도 있다. 혹시 트럭이 근처를 지나간다면 짐칸에 던지는 방법도 있다. 그렇게 하면 트럭이 가는 곳까지 종이뭉치가 운반될 것이다.

먼 곳으로 이동시키고 싶은 이 종이뭉치가 식물의 경우 바로 씨앗이다. 씨앗을 멀리 이동시켜 널리 퍼뜨리는 방법도 그렇게 많지는 않아서 D1에서 D5까지 다섯 가지로 나눠볼 수 있다.

D1은 바람이나 물의 힘으로 씨앗을 옮기는 방법이다. 이 방법은 풍매산포風媒散布나 수매산포水媒散布라고 한다.

D2는 사람이나 동물에게 붙는 방법이다. 이 방법은 동물매개산포라고 한다.

D3는 자력으로 튀는 방법이다. 이 방법은 자가산포라고 한다.

D4는 특별한 구조 없이 그냥 떨어지는 방법인데, 중력산포라고 한다. 특별한 구조가 없어도 작은 씨앗이 바람에 날리거나 동물 털에 붙는 등 모든 씨앗은 어떤 식으로든 이동하는데 인간이 그것을 알아차리지 못하고 분류한 것이 D4라는 의견도 있다.

D5는 씨앗을 생산하지 않는 것이다.

이렇게 보면 씨앗을 퍼뜨리는 방법은 다섯 가지로 분류하지만 현실적으로는 D1부터 D3까지 세 가지 방법밖에 없다는 사실을 알 수 있다.

개미에게 씨앗을 운반시키다

동물매개산포 D2는 일반적으로 인간의 옷이나 동물의 털에 붙어 이동하지만 상당히 공을 들인 방법도 있다. 예를 들면, 제비꽃 씨앗에는 종침이라고 해서 영양이 풍부한 물질이 붙어 있다. 개미는 이 종침을 먹이로 삼으므로 씨앗을 자기 집으로 가지고 간다. 제비꽃 씨앗은 이런 식으로 개미가 옮겨주는 것이다.

개미집은 땅속에 있으니 개미가 씨앗을 깊은 땅속까지 가지고 간다고 해서 씨앗에서 싹이 나지는 않는다. 하지만 이것도 걱정할 필요가 없다. 개미가 종침을 다 먹으면 씨앗이 남는데 이 씨앗은 개미가 볼 때는 먹지 못하는 것이므로 집 밖으로 내다버린다. 이런 개미의 행동 덕에 제비꽃 씨앗은 널리 퍼지는 것이다.

다른 예도 있다. 질경이는 길가나 땅 등 뭔가에 밟히는 곳에서 자라나는 대표적 잡초다. 이 질경이의 씨에는 일회용 기저귀와 화학구조가 비슷한 젤리 상태의 물질이 있는데 이것이 물에 젖으면 팽창해서 끈끈하게 달라붙는 성질을 띤다. 그래서 인간의 신발이나 자동차 타이어에 붙어서 옮겨진다. 원래 질경이 씨앗의 끈끈하게 달라붙는 물질은 건조 등에서 씨앗을 보호하는 것으로 추측된다. 그러나 결과적으로 이 물질이 힘을 발휘해 질경이가 분포를 넓히는 것이다.

비포장도로에서는 차 바퀴자국을 따라 질경이가 자라나는 모습을 흔히 볼 수 있다. 질경이의 학명 중 속명은 '플란타고'인데 이는 발바닥으로 옮긴다는 뜻의 라틴어다. 또 한자 이름은 '차전초車前草'인데 이것도 길을 따라 어디에서든 자라난다는 말에서 유래했다. 이렇게 길을 따라 자라는 이유는 사람이나 차가 질경이 씨앗을 옮겼기 때문이다.

이렇게 되면 질경이의 경우 밟힌다는 것은 인내해야 하는 일이 아니며 더욱이 극복해야 할 과제도 아니다. 밟혀야만 널리 퍼질 수 있을 정도로 그 점을 잘 이용하는 것이다. 이처럼 사람에게 밟혀서 번식하는 잡초도 있고, 사람이 모이는 도시에서 자라는 잡초 중에는 씨앗이 울퉁불퉁해서 신발 바닥에 달라붙기 쉬운 구조로 된 것도 많다. 인간도 이렇게 모르는 사이에 잡초 씨앗이 널리 퍼지는 데 한몫하고 있다.

| 질경이는 밟히는 것을 이용해 번식한다. |

식물은 왜 씨앗을 널리 퍼뜨려야 할까

　식물이 작전을 짜면서까지 씨를 멀리 옮겨야 하는 이유는 무엇일까? 씨를 이동시키는 이유 중 하나는 분포를 넓히기 위해서다. 그럼 식물은 왜 분포를 넓혀야 할까? 어미 식물이 씨앗을 만들 때까지 자랐다는 것은 적어도 살아남지 못할 곳에 있는 것은 아니라는 뜻이다. 씨앗이 다른 곳으로 이동한다 해도 그곳에서 무사히 자라나리라는 보장은 없다. 그런 위험천만한 모험을 하려고 씨앗을 많이 만들어 퍼뜨리기보다는 자손들도 익숙한 곳에서 행복하게 사는 게 좋지 않을까?

　사실 식물은 대단한 야망이나 모험심으로 씨를 멀리 퍼뜨리는 것이 아니다. 환경은 언제든 바뀌므로 식물이 늘 안전하게 자랄 수 있는 땅은 없다. 그러니 항상 새로운 곳을 찾아야만 한다. 널리 퍼뜨리기를 게을리한 식물은 이미 멸종했을 테고, 분포를 넓히려고 노력한 식물만 살아남았을 것이다. 이것이 바로 지금 존재하는 모든 식물이 씨앗을 멀리 퍼뜨리려는 이유다.

　식물 종이 계속 살아남으려면 끊임없이 도전해야 하지만 무언가를 시도한다는 것은 실패할 염려가 있다는 뜻이다. 여행을 떠나면 버스를 놓치거나 길을 잘못 들어서거나 물건을 잃어버리기도 한다. 방 안에만 콕 박혀 있으면 실패할 일도 없지만 재미도 없다. 여행을 떠나서 실패를 하더라도 나중에 생각해 보면 다 좋은 추억이다.

도전하면 실패할 수도 있지만 변할 수도 있다. "도전하면 변화한다." 잡초도 곱게 성공하는 것이 아니다. 길가에서 거칠게 고군분투하는 모습을 봐주기 바란다. 그리고 씨앗이 이런저런 수를 써서 이동하는 이유는 그밖에 더 있다. 바로 어미 식물에서 되도록 멀리 떨어지기 위해서다.

씨앗이 어미 식물 근처에 떨어졌을 때 가장 위협이 되는 존재가 바로 어미 식물이다. 어미 식물의 잎이 그늘을 만들면 아기 씨앗이 겨우 싹을 틔웠다 해도 건강하게 자라날 수 없다. 또 물이나 영양분마저 어미 식물에 빼앗기고 말거나 어미 식물에서 분비되는 화학물질이 새싹의 생육을 막을 수도 있다.

아쉽게도 어미 식물과 씨앗이 필요 이상으로 같이 붙어 있으면 오히려 폐해가 더 커진다. 그래서 식물은 소중한 자식들을 어미 식물에서 멀리 떨어진 낯선 땅으로 보내려는 것이다. "자식을 귀히 알거든 객지로 내보내라"라는 말이 있듯이 식물에도 자식을 떼놓는 것이 중요하다.

외국에서 온 식물

식물이 이런저런 수를 써서 분포를 넓히려다 보니 인간사회에 사는 잡초는 야생에 사는 식물이 생각지도 못하는 이동을 하는 경우가 있는데 그 배후에는 인간이 있다. 인간은 세계 곳곳을 다니며 국경을 넘고 바다를 건너서 물건을 이동시킬 수 있다. 이 인간의 활동 덕분에 잡초도 국경을 넘어 오갈 수 있다.

외국에서 온 사람이 우리 국적을 취득하는 것을 귀화한다고 한다. 마찬가지로 외국에서 국내로 들어온 식물은 '귀화식물'이라고 하는데 그 식물이 잡초일 때는 '귀화잡초'라고 한다. 귀화식물은 대부분 귀화잡초로 대접받는다. 여기에 동물도 포함해서 말할 때는 '귀화종'이라고 한다.

귀화와 비슷하게 쓰이는 말에 '외래'도 있어서 외래식물, 외래잡초, 외래종이라고도 한다. 귀화식물과 외래식물은 원래 같은 의미였지만 요즘에는 '외래종'이라는 말이 행정용어로도 쓰이면서 외래식물이나 외래잡초라는 말은 문제가 있다는 나쁜 뉘앙스를 갖게 되었다. '침입종'이라는 말도 쓰여 더 복잡해지는데 원래는 '귀화종'과 같은 뜻이다.

일본에 자생잡초는 없다?

예부터 이 땅에 살았는 줄 알았는데 사실은 외국에서 들어온 식물이 아주 많다. 일본의 경우도 마찬가지이다. 채소 중 호박이나 옥수수는 아즈치모모야마시대(1568~1603)에 일본으로 전해졌다. 가지나 순무는 나라시대(710~794)에 전해졌다. 그러고 보면 일본인의 주식인 벼도 대륙에서 건너온 외래식물이다.

그렇다면 귀화잡초는 언제 일본으로 왔을까? 냉이나 강아지풀, 별꽃 등 우리에게 친숙한 잡초는 대부분 유사 이전에 작물과 같이 일본으로 왔다고 추측된다. 이처럼 옛 시대에 전해진 귀화식물은 '사전귀화식물'이라고 한다. 그 후 불교가 전래된 것처럼 일본과 대륙의 교류가 왕성해지면서 다양한 잡초도 일본으로 들어오게 되었다. 에도시대(1603~1867) 말기 이전 일본에 들어온 식물은 고귀화식물이라고 한다. 그리고 에도시대 말기에 일본이 개국하고 메이지시대(1868~1912)가 되자 다양한 외국 식물이 일본으로 들어왔다. 이들은 신귀화식물이라고 하는데 일반적으로 귀화식물이라고 할 때는 이를 지칭한다.

외국에서 온 식물을 귀화식물이나 외래식물이라고 하는 것과 달리 예부터 일본에 있던 식물은 '자생식물'이라고 한다. 그렇다면 자생식물인 잡초에는 어떤 것이 있을까? 일본인 역시 원래는 육지를 따라 이동해 바다를 건너 일본으로 왔다고 추측된다. 잡초는 인간사회에 적응해서 귀화한 식물이니 일본에 인류가 없던 시대부터 자생하던 잡초는 없다는 뜻이 된다.

엄밀히 말하면 모든 잡초는 인류와 함께 들어왔다고 추측되므로 자생잡초는 존재하지 않는다. 그러나 이렇게 말하면 모호하므로 실제로는 에도시대 말기 이전부터 일본에 있던 사전귀화식물이나 고귀화식물인 잡초는 '자생종', 에도시대 말기부터 메이지시대 이후에 일본으로 건너온 신귀화식물인 잡초는 '외래종'이라고 한다.

귀화잡초는 강하지 않다

신귀화식물이라고 하면 새롭다는 이미지가 있는데, 이는 메이지시대 이후 이야기다. 메이지시대 문명개화를 할 때 외국 문화가 일본에 들어온 것은 확실히 큰 사건이지만, 현재 국제적인 물류의 크기와 비할 바는 아니다. 지금은 많은 사람이 해외여행을 가고, 낮은 자급률이 문제가 될 정도로 외국에서 다양한 상품이 들어온다.

제2차 세계대전 후 고도성장기를 거쳐 세계화가 진행되는 현재에는 새로운 잡초가 잇따라 들어오고 있다. 메이지시대에는 귀화식물 수가 70종 정도였는데 1950년대에는 800종 정도 되었다고 한다. 그리고 지금은 귀화식물 수가 1,600종이 넘는다는데, 이는 해마다 늘어나는 추세다.

일본인은 수입품을 좋게 보는 경향이 있으며 체구가 작다보니 몸집 좋은 서양 사람을 보면 머뭇거리게 된다. 마찬가지로 귀화잡초는 일본의 잡초보다 강하다는 이미지가 있는데 사실은 그렇지 않다. 스포츠에는 자국에서 하는 홈경기와 상대국에서 하는 원정경기가 있는데, 익숙한 환경에서 하는 홈경기가 훨씬 유리하다고 한다. 외국에서 들어온 잡초가 미지의 땅인 일본에서 살아남는 것은 원정경기나 마찬가지다.

일본으로 들어온 잡초가 짐을 내리는 항구나 공항 근처에서 목격되는 것을 '1차귀화'라고 한다. 항구나 공항 주변을 살펴보면 낯선 이국의 잡초가 나 있는 경우를 종종 볼 수 있다.

그러나 항구나 공항의 바깥세계로 널리 뻗어나가기는 그리 만만치 않다. 대부분 잡초는 분포를 넓히지 못하고 쥐도 새도 모르게 시들어 사라지지만 아주 드물게 이국의 치열한 환경에서 지지 않고 정착하여 번식하는 것도 있다. 그렇게 살아남은 잡초가 '귀화잡초'로 성공하는 것이다.

외래 민들레와 자생 민들레

민들레를 예로 들어보겠다. 잘 알려진 것처럼 일본에는 예부터 있었던 자생 민들레와 메이지시대에 들어온 외래 민들레가 있다. 사실은 일본민들레라고 하는 것들 중에도 종류가 아주 많고 외래 민들레 역시 서양민들레 말고 다른 민들레도 있지만, 여기서는 상징적으로 일본민들레와 서양민들레로 나눠 비교하겠다.

앞에서 노란색 꽃은 한데 모여서 핀다고 소개했다. 민들레도 꽃이 노란색이라 역시 한데 모여 핀다. 그러면 모여서 피지 않고 한 송이씩 피는 민들레도 있지 않느냐고 반문하는 이도 있을 것이다.

옹기종기 모여서 피는 민들레와 한 송이씩 피는 민들레는 종류가 다르다. 초봄에 모여서 피는 민들레는 예부터 일본에 있던 일본민들레다. 그와 달리 서양민들레는 모여서 피지 않고 한 송이씩 피는 경우가 많다. 서양민들레는 꽃가루가 달라붙지 않아도 씨앗을 만들 수 있는 '아포믹시스(무수정생식)'라는 특별한 능력을 지녔다. 그래서 주변에 친구가 없거나 꽃가루를 옮길 곤충이 없어도 씨앗을 만들 수 있다. 길거리에 서양민들레가 많이 보이는 이유도 그 때문이다. 또 서양민들레는 봄뿐만 아니라 1년 내내 꽃을 피우고 씨앗을 만들 수 있다.

서양민들레가 늘어나는 이유

최근에는 서양민들레가 늘어나면서 점점 세력을 넓히는 데 비해 일본민들레는 점점 수가 줄어들고 있다는 얘기가 나온다. 꽃도 거침없이 피우고 씨앗도 쑥쑥 만들어내는 서양민들레가 일본민들레보다 유리할까? 반드시 그렇지는 않다.

일본민들레는 봄에만 꽃을 피우며 씨앗을 만들고 나면 뿌리만 남고 잎은 시들어 버린다. 개구리나 뱀이 흙속에서 겨울을 나는 것을 겨울잠이라고 하는 것처럼 일본민들레는 여름 동안 뿌리만 남기고 흙속에서 지내는 여름잠을 자는데 여기에는 이유가 있다.

여름이 되면 수많은 식물이 무성히 자라난다. 그러면 비교적 자그마한 민들레에는 빛이 닿지 않는다. 그래서 일본민들레는 다른 식물들과 싸움을 피해 땅속에서 잠자코 기다린다. 즉 일본민들레는 다른 식물이 무성히 피는 자연환경에 전략적으로 대응한다.

반면 서양민들레는 봄은 물론이고 여름에도 꽃을 피우므로 다른 식물과 싸워서 지게 되고 결국 다른 식물이 있는 곳에서는 살아남지 못한다. 그 대신 서양민들레는 다른 식물이 나지 않는 도시의 길가 등에서 꽃을 피워 분포를 넓힌다.

서양민들레가 널리 퍼지고 일본민들레가 줄어든다는 말은 일본민들레가 자랄 수 있는 자연환경이 줄어들고 도시 환경이 늘어난다는 이야기일 수도 있다. 서양민들레와 일본민들레 중 어느 쪽이 강하다는 결론은 내릴 수 없다. 서양민들레나 일본민들레나 모두 살아남을 만한 곳에서 자라나는 것이다.

서양민들레는 어떻게 성공했나

서양민들레가 일본에서 성공한 이유를 되짚어보자. 서양민들레는 일본에서 다른 식물이 나지 않는 환경 속으로 침입했다. 귀화잡초의 경우 기후와 풍토가 다른 일본에 정착하는 것은 원정경기에 참가하는 것이나 마찬가지다. 일본의 자생식물이 이미 대형을 완성한 곳에서 무작정 정면충돌을 해서는 승산이 없다. 그래서 다른 식물이 자라지 않는 곳이야말로 그들이 파고들 수 있는 기회의 땅이다.

매립지나 공사로 조성한 새로운 땅은 귀화잡초가 살기에 안성맞춤이다. 귀화잡초는 그런 곳에서 번식하며 점점 영역을 넓혀간다. 그래서 성공한 귀화잡초는 불모지에 처음으로 자라는 선구식물의 성격을 지닌 것이 많다.

또 하나 귀화잡초에 유리한 성질은 '광역분포종 cosmopolitan'이다. 인간도 세계를 무대로 활약하는 사람을 코즈모폴리턴(세계인)이라 하듯이 전 세계에서 볼 수 있는 잡초도 코즈모폴리턴이라 한다.

서양민들레는 꽃가루를 옮겨주는 곤충이 없는 환경에서도 씨앗을 만든다. 코즈모폴리턴이 되는 조건은 여러 가지 있지만 어떤 환경에서도 자라나고 씨앗을 생산할 수 있는 적응력은 미지의 땅에서 살아가기 위해 꼭 필요한 것이다.

귀화잡초에 유리한 환경이 펼쳐지고 있다

귀화잡초에 일본은 원정이라고 소개했는데, 최근에는 모양새가 조금씩 바뀌고 있다. 요즘 일본의 도시 풍경을 보면 미국 도시와 크게 다르지 않다. 그만큼 서양화가 진행되고 있다는 얘기다. 거리 풍경과 마찬가지로 자연환경도 서양과 비슷해지고 있다. 그렇게 되면 서양에서 온 귀화잡초에 상당히 유리한 환경이 펼쳐지는 것이다.

공원의 잔디는 원래 기후가 서늘한 서양에서 볼 수 있었다. 고온다습한 일본에는 잔디가 어울리지 않는다. 그러나 이제는 어디든 잔디를 심을 수 있고 넓디넓은 잔디 골프장도 만들어졌다. 이렇게 되면 서양잔디 틈에서 자라던 잡초의 경우 환경이 홈과 비슷해진다.

밭의 환경도 바뀌고 있다. 일본은 화산국이라 메마른 화산재 토양이 많아서 자생식물은 메마른 산성토양을 좋아하는 것이 많았다. 그런데 오늘날에는 화학비료가 있어서 얼마든지 땅을 비옥하게 만들 수 있다. 화학비료뿐만 아니다. 생활도 풍요로워져 공장이나 가정에서 나온 오물이나 배수에도 영양이 듬뿍 담겨 있다. 게다가 토양은 부영양화나 알칼리화가 진행되어 이를 좋아하는 귀화잡초가 원정이라고는 생각하지 못할 만큼 어마어마한 기세로 번식하는 것이다.

트로이의 목마 작전

귀화잡초는 외국에서 오는 짐에 섞여 들어와 항구나 공항 근처에서 1차귀화를 한 다음 점점 주변으로 뻗어간다. 그래서 적절한 검역 대책을 세워 내륙 쪽으로 전파되지 않도록 막아야 한다. 그런데 최근 순간이동이라도 했나 싶을 만큼 내륙의 밭 한가운데에 갑자기 외국에서 온 잡초가 나타나는 사례가 늘고 있다. 대체 그 씨앗들은 어디에서 어떻게 들어왔을까?

고대 그리스시대에 '트로이의 목마'라는 작전이 있었다. 트로이군을 공격한 그리스군은 단단한 성벽에 막혀 결국 거대한 목마만 남기고 후퇴한다. 승리를 축하하던 트로이군은 전리품으로 그 목마를 성안으로 옮긴다. 그리고 그날 밤, 목마 속에 숨어 있던 그리스 병사들이 밖으로 나와 단숨에 트로이성을 점령한다. 목마 속에 숨어 난공불락이던 성안으로 들어간 그리스군의 기지가 빛나는 작전이었다.

사실 귀화식물이 침입한 방법도 트로이의 목마와 흡사한데 그 방법을 파헤쳐 보자. 일본에서는 가축 사료를 대부분 수입한다. 만약 해외의 밭에서 수확된 옥수수나 콩에 잡초 씨앗이 섞여 있다면 그대로 같이 따라온다. 가축이 그런 옥수수나 콩을 먹으면 잡초 씨앗도 같이 가축 몸속으로 들어간다. 그야말로 트로이 목마의 배 속인 셈이다.

이윽고 잡초 씨앗은 가축의 소화기관을 지나 변이 되어 몸밖으로 배출되고, 이 변으로 만들어진 거름이 밭에 뿌려지면 귀화잡초의 씨앗은 자연히 밭으로 침입하게 된다. 이렇게 트로이의 목마처럼 밭으로 잇따라 들어와 세력 범위를 넓히는 것이다.

양미역취의 비극

성공한 귀화잡초라고 해서 반드시 원래부터 강했던 것은 아니다. 귀화잡초의 대표로 꼽히며 사람들이 기피하는 잡초 가운데 양미역취가 있다. 양미역취의 일본명은 '키다리'에서 유래했는데 그 이름에 걸맞게 몇 미터 높이까지 자라 강변이나 공터 등을 뒤덮으니 그야말로 괴물식물이다.

양미역취는 북아메리카가 원산지인 귀화잡초다. 그런데 신기하게도 이 양미역취는 원산지인 북아메리카에서는 그렇게 크게 자라지 않는다. 높이가 1미터도 채 되지 않고 가녀린 노란색 꽃을 피우는 들꽃이다.

그래서 양미역취는 미국인에게 귀여운 조국의 꽃으로 사랑받는다. 영어로 양미역취는 '골든 로드Goldenrod(황금 막대)'라고 한다. 켄터키주나 네브래스카주, 사우스캐롤라이나주, 델라웨어주에서는 고향의 풍경을 대표하는 주의 꽃으로 선정될 정도로 인기가 많다. 그런데 그 사랑스러운 들꽃이 왜 괴물식물로 변했을까?

원산지에서는 문제가 되지 않았던 식물이나 곤충이 외국으로 건너가 맹위를 떨치는 일이 가끔 있다. 이를 설명해 주는 것이 바로 주변에 천적이 없다는 것이다. 식물은 모국 환경에서는 다양한 천적이나 병원균 때문에 개체수를 억제할 수 있다. 또는 천적에게서 몸을 지키기 위해 다양한 방법으로 방어하려고 부단히 노력한다. 그러나 타국 땅에서는 천적이 없어서 자라고 싶은 만큼 무럭무럭 성장하고 번식한다. 민들레의 경우 일본에 있던 원래 식물이 서양민들레의 성장을 방해했는데, 양미역취는 사정이 조금 달랐다는 것도 큰 영향을 주었다.

독주는 용납할 수 없다

양미역취는 뿌리부터 유독한 물질을 내뿜는다. 이 물질이 주변에 있는 식물의 발아나 생육을 억제한다. 그렇게 해서 경쟁자가 사라지면 대량으로 한가득 번식하여 넓은 군락을 만들어낸다. 이처럼 식물이 다양한 화학물질을 내뿜어 주변 식물을 억제하거나 해충 또는 동물로부터 몸을 지키는 것을 타감작용(알렐로퍼시)이라고 한다.

화학병기를 쓴다고 하면 특이한 느낌이 들겠지만, 대부분 식물이 많든 적든 화학물질을 뿜어내 자기 몸을 지키는 것으로 보인다. 그렇게 내뿜은 다양한 화학물질로 서로 공격하면서도 균형을 맞춰 생태계를 완성하는 것이다.

실제로 양미역취는 원산지에서도 그렇게 화학물질을 뿜어냈을 것이다. 그러나 오랜 시간을 들여 같이 진화해 온 주변 식물들에 양미역취가 뿜어내는 독은 이미 잘 아는 물질이므로 생명에 위협을 주는 정도는 아니었다. 경쟁하려고 다양한 물질을 방출하는 것은 피차일반이다.

그런데 일본에서는 이야기가 다르다. 일본에서 진화해 온 식물들에 양미역취가 뿜어내는 물질은 처음 경험하는 미지의 물질이다. 그래서 그 물질에 다른 식물들이 간단히 당하고 말았고 경쟁자가 없어진 양미역취는 조국에서 사랑받았던 모습은 온데간데없이 변하여 맹위를 떨치기 시작했다.

이것이 오히려 양미역취에는 불행이 시작되는 일이었다. 경쟁자 없이 독주하는 것은 양미역취도 처음 경험하는 일이었다. 주변이 온통 양미역취투성이가 되니 양미역취가 뿜어내는 독물질이 자신의 발아나 성장까지 좀먹는 결과를 가져왔다. 그때쯤에는 양미역취를 따라 양미역취의 해충도 일본으로 같이 귀화했을 뿐만 아니라, 기존에 일본에 살던 식물 병원균까지도 양미역취를 감염시킬 수 있도록 변화했다. 이러한 추격까지 겹치자 양미역취는 점점 더 쇠퇴되었다.

요즘 들어서는 양미역취가 한때 그랬던 것처럼 대량 번식
은 볼 수 없게 되었다. 참억새 등 자생식물에 눌리기도 했고,
미국에서 그랬듯이 작은 들꽃으로 길가에 피어 있는 모습도
보인다. 그야말로 양미역취의 흥망성쇠를 보여준 것이다.

국내에서 해외로

귀화잡초라고 하면 외국에서 국내로 왔다는 이미지가 있
다. 그러나 그 반대의 경우도 있다. 외국에서 온 잡초가 국내에
서 문제가 되듯이 일본에서는 크게 문제되는 식물이 아니었는
데 해외에서는 잡초로 맹위를 떨치는 경우도 있다. 예를 들면
칡가루나 칡음료의 원료인 칡은 전에는 가을을 대표하는 나무
로 친숙하게 여겨지던 오래된 식물이다. 그러나 최근에는 해
외에서 잡초로 보이면서 문제가 되고 있다.

칡은 성장이 빨라서 토사 유출이 진행되는 미국에서는 땅
을 초록으로 덮어줄 구세주로 기대를 받으며 도입되었다. 그
러나 인간의 예상과 달리 칡이 눈 깜짝할 새에 퍼져나가 문제

| 환경에 따라 사람들의 환영을 받거나 미움을 받는 양미역취 |

가 되었다. 맹위를 떨치는 칡은 미국에서 '칡(쿠드즈)Kudzu'이라는 이름으로 두려운 존재가 되었다.

무엇보다 칡은 일본에서도 최근에는 잡초로 문제를 일으키고 있다. 옛날처럼 칡뿌리를 캐서 이용하지 않게 되었다는 점이나 흙이 부영양화되었다는 점 등을 원인으로 꼽는다. 호장근도 일본에서 외국으로 건너간 귀화잡초다. 호장근은 일본에서는 전혀 해가 되지 않았는데 유럽으로 건너가 맹위를 떨치고 있다. 츠키미 우동에 들어가는 풀로 일본인의 사랑을 받는 참억새도 미국 대륙으로 건너가 잡초가 되어 날뛰고 있다.

대체 무엇이 식물들을 괴물로 돌변하게 만들었을까? 천덕꾸러기가 된 귀화잡초도 좋아서 외국으로 간 것은 아니다. 다들 처음 보는 낯선 땅에 어쩌다 끌려간 것이다. 고향으로 금의환향까지는 아니더라도 외국에서 한 건 톡톡히 하고 당당히 귀국하는 잡초도 있다. 한자로는 구미초라고도 하는 강아지풀의 친구 가운데 가을강아지풀이라는 것이 있다. 동아시아가 원산지로 길가에 난 잡초라는 이미지가 있는 가을강아지풀은 언제부터인지 미국으로 건너가 귀화잡초로 널리 퍼졌다. 그리고 키가 큰 옥수수 등에도 당당히 맞서 밭의 잡초로 문제가 되기 시작했다.

그런데 최근에는 일본에서도 길가의 잡초였던 가을강아지풀이 옥수수밭에 침입하면서 점점 문제가 되고 있다. 이는 미국의 밭에서 잡초가 된 가을강아지풀이 일본에 귀화식물로 침입한 것이 아닌가 추측된다. 그야말로 해외 사양으로 만든 일본 자동차가 일본으로 다시 들어오는 역수입과 같은 현상이다.

어쩌면 이런 식으로 일본 종과 종류가 같은 잡초가 해외에서 들어오는 것은 아닌가 짐작하는데, 종류가 같아서 외관상 구별되지 않는다. 한눈에 봐도 구별될 만큼 모양이 다른 귀화잡초는 그나마 문제가 적지만 이 스파이 같은 구별되지 않는 귀화잡초가 문제가 되고 있다.

7장

잡초와 인간의
끈질긴 싸움

불사신 같은 괴물 잡초

쓰러뜨리고 또 쓰러뜨려도 무시무시한 기세로 덤벼드는 괴물이 바로 잡초다. 잡초가 진화한 역사는 인류 역사와 어깨를 나란히 한다. 인류는 1만 년 가까이 잡초와 싸움을 벌여왔다. 인류 역사는 그야말로 '잡초와 싸운 역사'였다고 해도 지나친 말이 아니다.

다양한 식물이 연구되는 가운데 잡초도 오래전부터 연구되어 왔지만, 잡초에 관한 본격적인 연구는 제2차 세계대전이 끝난 뒤 시작되었다. 제2차 세계대전이 끝나고 평화로운 시대가 찾아왔을 때 세계 각국에서 잇따라 잡초학회가 설립되었다.

그래도 세계 농업은 잡초 때문에 골치를 앓았지만 묵묵히 뽑아내는 것 이외에 별다른 방도가 없어서 사람들은 꾸준히 풀을 뽑을 수밖에 없었다. 또 해충이나 병원균과 달리 제아무리 손이 많이 간다 해도 그냥 뽑기만 하면 누구든 막아낼 수 있었다. 특히 풀을 뽑는 것이 '근면 성실'의 상징이라 여겼으므로 잡초를 막아내는 기술 개발이 더뎠던 까닭도 있다. 그래서 그때까지는 식물학 안에서 잡초를 분류하는 연구는 진행되었지만 막는 방법은 본격적으로 연구되지 않았다.

그런데 왜 제2차 세계대전이 끝난 뒤 본격적으로 연구하기 시작했을까? 사실 이 시기에는 잡초 방제에 혁명을 일으킬 만한 것이 등장하면서 제초에 의지할 수밖에 없게 되었다. 바로 제초제가 등장한 것이다.

식물 분류와 잡초 분류의 차이

식물은 외떡잎식물과 쌍떡잎식물이라는 두 종류로 분류된다. 하지만 잡초는 이런 분류와 상관없이 크게 벼과 잡초와 광엽 잡초로 나눠서 생각한다. 광엽 잡초는 잎이 넓은 잡초를 말한다. 쌍떡잎 잡초는 광엽 잡초에 포함되는데, 백합처럼 잎이 넓은 외떡잎 잡초도 광엽 잡초에 들어간다. 또 벼과 잡초는 외떡잎 잡초의 대표이긴 하지만, 이렇게 분류하면 금방동사니처럼 벼과 식물과 매우 비슷하게 생긴 잎이 가느다란 외떡잎식물은 어느 쪽에도 속하지 못한다.

그렇다면 잡초는 왜 이렇게 복잡하게 분류할까? 사실 잡초는 제초제의 효과가 달라서 벼과 잡초와 광엽 잡초로 나뉘게 되었다. 잡초학에서 제초제는 그만큼 매우 중요한 존재다.

과학은 양날의 칼

제초제는 제2차 세계대전 중에 처음 개발되었다. 다양한 화학물질이 연구되었는데 2, 4-D(2, 4-디클로로페녹시아세트산의 약자)라는 물질이 식물 호르몬인 옥신과 비슷한 작용을 해서 식물의 정상적인 생육을 저해한다는 사실이 밝혀졌다.

전쟁이 한창이었던 그때 2, 4-D는 인간이나 동물에게는 무해했지만, 적국의 농작물을 말라 죽이는 병기로 사용할 수 있을지 검토 대상이 되었다. 다행히 제2차 세계대전에서는 사용되지 않았지만 1970년대에 일어난 베트남전쟁에서는 병사의 은신처인 정글의 나무들을 말라 죽일 목적으로 사용되었다. 2, 4-D 자체는 인간에게 무해하지만 당시 불순물로 섞여 있던 유해한 다이옥신이 사람들을 괴롭혔다.

인터넷이나 위성항법장치GPS 등은 원래 군사기술이었던 것을 민간에서 평화적으로 이용한 것이다. 과학기술은 양날의 칼이다. 올바르게 사용하면 인류에게 풍요로움을 가져다주지만, 자칫 잘못 사용하면 인류에게 위태롭고 해롭다.

칼도 요리에 쓰면 유용하지만 사람을 죽일 수도 있고, 자동차는 이제 없어서는 안 될 물건이 되었지만 잘못 조작하면 살인기계가 될 수도 있다. 이것이 과학기술이 발전할수록 그것을 사용하는 인류의 올바른 판단이 필요한 까닭이다.

도라에몽의 비밀 도구

제2차 세계대전이 끝나고 2, 4-D를 제초제로 사용하자 전 세계에서도 제초제로 잡초 방제를 하게 되었다. 2, 4-D는 벼과 식물에는 효과가 없었지만, 그밖의 잡초는 말려 죽였으므로 먼저 잔디 제초제로 개발되었다. 더구나 옥수수나 밀 등 세상의 중요한 곡물이 모두 벼과 식물이다 보니 더욱 제초제로 쓰게 된 것이다. 일본에서 중요한 벼도 물론 벼과 식물이다. 그래서 2, 4-D에 시들어 죽는 잡초를 광엽 잡초라 했고 2, 4-D에 시들지 않는 잡초를 벼과 잡초로 분류하게 된 것이다. 제초제의 등장은 세계 농업을 크게 바꾼 혁명이었다.

어쨌든 그때까지는 엉금엉금 기어 다니며 풀을 뽑아야 했는데, 손쉽게 잡초를 없앨 방법이 생기게 되었다. 제초제 덕분에 농사를 짓기가 상당히 편해졌다. 당시 사람들에게 제초제는 마법 또는 도라에몽의 비밀 도구 같은 '꿈의 기술'이었다.

실제로 제초제가 없던 1940년대 후반에 무논에서 10아르당 제초에 필요한 연간 노동시간이 50시간을 넘었는데, 지금은 2시간이면 충분하다. 또 1940년대 후반에 밀을 재배할 때 제초에 드는 노동시간이 31시간이었다면 지금은 1시간도 채되지 않는다.

제초제의 구조

제초제는 어떻게 잡초를 말라 죽게 할까? 2, 4-D는 구조나 작용이 식물 호르몬으로 알려진 옥신과 흡사한 물질이다. 고등학교 생물 교과서에는 벼과 식물에 많은 자엽초를 이용해 옥신의 굴성을 실험하는 내용이 있다. 자엽초는 벼과 식물에서 떡잎싸개를 말한다. 자엽초는 빛을 갈구하듯이 햇볕이 닿는 쪽으로 휘는데 이것이 바로 옥신의 작용 때문에 생기는 현상이다.

옥신은 세포 분열을 촉진하거나 세포의 길이가 성장하도록 촉진하는 작용을 하는데, 거기에 빛이 닿지 않는 쪽으로 수송되는 특성까지 지녔다. 그래서 빛이 닿지 않는 쪽에서는 옥신의 농도가 높아지고 길이생장이 촉진된다. 이렇게 해서 자엽초는 빛이 닿는 곳으로 휘게 된다.

옥신은 길이생장을 촉진하는 덕에 잡초에도 감사한 물질처럼 여겨지는데, 식물 호르몬은 농도에 따라 다양한 작용을 하므로 너무 많으면 오히려 식물의 생리작용이 교란되어 이상 성장을 보이거나 기형이 되기도 한다. 2, 4-D는 잡초의 생리작용에 혼란을 주다가 결국 잡초가 말라 죽게 하는 것이다.

동물과 식물의 차이를 이용하다

제초제는 식물을 말라 죽게 하지만 동물에게는 해를 주지 않아야 한다. 그래서 식물 호르몬처럼 식물에는 있지만 동물에게는 없는 생리작용이 있으면 조건이 가장 좋다. 식물에는 있고 동물에게는 없는 생리작용에는 어떤 것이 있을까?

식물은 광합성을 한다는 것이 동물과 가장 큰 차이점이다. 또 식물은 아미노산이나 지질 등 생존에 필요한 물질을 스스로 만들어낸다. 이와 달리 동물은 식물을 먹거나 다른 동물을 먹었을 때 아미노산이나 지질을 섭취할 수 있다. 이 광합성이나 물질합성에 관한 생리활성을 저해하면 동물에게는 영향이 없고 식물만 말라 죽게 할 수 있다.

실제로 대부분 제초제가 식물 호르몬의 작용 시스템, 식물의 광합성 시스템, 아미노산이나 지질의 합성 시스템 등 식물 특유의 생리작용에 영향을 주어 식물을 시들게 한다. 그렇다면 동물에게는 없고 식물에만 있는 구조를 잠깐 알아보자.

광합성을 저해하다

일반적으로 광합성은 동물은 할 수 없고 식물만 할 수 있는 반응이다. 광합성은 이산화탄소와 물을 원료로 하여 살아가는 데 필요한 에너지원이 되는 포도당을 만드는 작용이다. 이때 부산물로 산소가 나온다. 그래서 식물은 산소를 발산하게 된다. 또 광합성은 배터리를 충전하듯 빛에너지를 에너지원이 되는 당에 쌓는 작업이라서 빛에너지가 필요하다.

광합성의 화학식은 '이산화탄소($6CO_2$) + 물($12H_2O$) = 포도당($C_6H_{12}O_6$) + 산소($6O_2$) + 물($6H_2O$)'이다. 이산화탄소와 물에서 포도당과 산소가 생긴다는 지극히 단순한 화학반응인데, 현재 과학기술로는 이 광합성을 재현하기가 상당히 어렵다. 인간이 제아무리 우쭐대도 잎 한 장도 당해낼 수 없는 것이다.

이 광합성을 저해하는 것이 제초제의 유력한 작용 중 하나다. 광합성은 이산화탄소와 물로 포도당과 산소를 만드는 것처럼 보이지만, 실제로는 빛에너지를 성장 에너지원인 당으로 거두어들이는 충전 같은 작업이다. 그래서 광합성의 화학반응에는 에너지 흐름이 같이 따라가는데 제초제가 이 에너지 흐름을 막는 것이다.

실제로 광합성을 할 때는 엽록소에서 빛에너지가 물을 분해해 에너지가 높아진 전자를 만들어내고, 이 전자가 잇따라 전달된다. 그리고 이 전자의 흐름 덕분에 에너지를 저장한 물질이 만들어지고, 마지막에 에너지원인 당이 생산된다. 광합성 저해작용을 하는 제초제는 이 전자전달계의 흐름을 막아 광합성을 저해한다. 그러면 식물은 에너지원인 당이 부족해져 시들고 말 뿐 아니라 갈 곳을 잃은 전자가 쌓이므로 유해한 활성산소가 발생해 세포가 타격을 입는다. 이렇게 잡초는 점점 시들어 간다.

그러나 식물은 에너지를 몸속에 축적한다. 그래서 광합성을 막았다 하더라도 바로 영양이 부족해지지는 않는다. 또 활성산소 때문에 타격을 입더라도 시들 때까지는 시간이 걸린다. 그래서 이 타입의 제초제를 효과가 늦은 지효성 제초제로 구분한다.

아미노산 합성을 저해하다

광합성으로 만들어지는 당이 살아가는 데 필요한 에너지원이 되는 것과 달리 단백질은 생물의 몸을 만드는 물질이다. 이 단백질의 재료가 아미노산인데 동물은 식물이나 다른 동물 등을 먹어 아미노산을 섭취하지만 식물은 아미노산을 직접 만들어낸다. 그리고 아미노산의 재료가 흙속에 있는 질소분이다.

식물이 흡수할 수 있는 무기태 질소에는 질산태 질소(NO_3)와 암모니아태 질소(NH_4)가 있다. 식물은 주로 흙속에 있는 질산태 질소를 흡수한 뒤 체내에서 질산태 질소를 암모니아태 질소로 변하게 한 다음 아미노산(NH_2)을 합성한다. 이 아미노산이 연결되면 식물의 몸을 만드는 단백질이 만들어진다.

제초제 가운데에는 이 암모니아태 질소에서 아미노산이 합성되지 못하게 하는 것이 있다. 식물은 필요한 아미노산을 얻지 못하는 데다가 아미노산으로 변환되지 않은 암모니아태 질소가 해롭기 때문에 곧 시들고 만다.

식물은 또한 아미노산과 마찬가지로 지방산도 체내에서 합성하는데 이 지방산의 생합성을 저해하면 타격을 받는다. 식물은 흙속 영양분에서 모든 영양분을 만들어내야 하므로 체내에서 아미노산이나 지방산을 합성하는 능력이 반드시 필요하다. 그러나 식물이나 다른 생물을 먹어서 필요한 영양분을 얻는 동물은 아미노산이나 지방산을 스스로 합성하는 구조가 없다. 이러한 작용을 이용해 동물이나 인간에게는 영향이 적은 제초제를 만드는 것이다.

작물이 시들지 않는 비밀

제초제 때문에 잡초는 시들고 마는데 왜 같은 식물인 작물이나 채소는 시들지 않을까? 제초제에는 어떤 식물이든 시들게 하는 비선택성 제초제와 작물은 시들지 않고 잡초만 시들게 하는 선택성 제초제가 있다. 따라서 논이나 밭에서는 작물을 시들지 않도록 선택성 제초제를 써야 한다.

먼저, 식물의 생육 단계 차이를 이용하는 방법이 있다. 예를 들면 벼를 재배할 때는 모내기를 해서 커진 모를 심는다. 그래서 토양 표면에 제초제를 뿌려놓으면 토양 표면에서 싹을 틔우는 잡초만 시들게 만들 수 있다.

둘째, 식물의 생리적 성질이 다르다는 점을 이용하는 방법이 있다. 예를 들면 이미 소개한 2, 4-D는 광엽 잡초의 체내에서는 날렵하게 이동하지만 벼과 식물 체내에서는 이동하기가 어려워 몸속에 제초제가 돌아다닐 일이 없다. 그래서 벼 등 벼과 식물에 해를 입히지 않고 광엽 잡초만 선택적으로 시들게 만들 수 있다.

셋째, 식물의 제초제에 대한 반응 차이를 이용하는 방법이 있다. 식물은 유해한 작물이 체내에 들어가면 대사를 해서 독성을 없애려고 한다. 이 무독화를 할 수 있는지 없는지에 따라 잡초만 시들게 만들 수 있다.

이처럼 머리를 다양하게 써서 작물은 시들지 않고 잡초만 시들게 하는 제초제가 만들어졌다.

슈퍼잡초가 나타나다

슈퍼맨이나 슈퍼마켓 등 이 세상에서 특별한 능력을 지닌 것에는 '슈퍼'라는 말을 붙이는데, 잡초에도 슈퍼잡초라 불리는 것이 있다. 제초제는 잡초 방제에 효과가 있지만 최근에는 제초제를 뿌려도 시들지 않는 잡초가 나타났는데 이들이 바로 슈퍼잡초다.

예를 들어 세균이나 박테리아 중에서는 항생물질이 듣지 않는 내성균이 문제가 되기도 했고, 바퀴벌레 같은 해충 가운데서는 살충제가 듣지 않는 저항성 해충이 문제가 되기도 했다. 그러나 잡초 중에서는 이렇게 제초제가 듣지 않는 잡초가 나타나기 어렵다는 생각이 지배적이었다.

세균이나 박테리아, 해충은 수명이 짧고 1년 동안 몇 번이나 세대를 갱신한다. 그러면 약제에 저항성이 있는 개체를 반복해서 선택하게 된다. 그러나 잡초는 수명이 짧다고 해도 1년 동안 1세대만 거치는 정도다. 세대 갱신 속도가 이러니 저항성이 발달하지 않으리라고 추측해 왔다. 그런데 제초제를 남발한 나머지 기어코 제초제가 듣지 않는 저항성 잡초가 잇따라 나타나게 된 것이다. 제초제는 편리한 도구지만 그만큼 사용법에 더 신경 써야 할 필요가 있다.

제초제만 믿는 것은 금물

제초제를 쓰는 방제 방법을 '화학적 방제Chemical control'라고 한다. 그러나 제초제만 철석같이 믿으면 제초제가 듣지 않는 저항성 잡초가 나타나게 하는 결과를 불러온다. 따라서 제초제뿐만 아니라 다양한 제초 방법을 조합해서 잡초를 제거해야 한다. 또 잡초를 티 하나 없이 말끔하게 없애려고 하면 아무래도 제초제에 의지하게 될 수밖에 없고, 자연스레 제초제를 뿌리는 횟수도 늘어난다. 그래서 다양한 제초 방법을 사용하면서도 잡초를 완전히 없애는 것이 아니라 피해가 없는 정도로만 억제하도록 제안하는데 이를 '종합적 잡초 관리IWM'라고 한다.

이 방법은 기존의 '종합적 병충해 관리IPM'를 잡초에 응용한 것이다. 그러나 해충은 천적들이 먹이로 삼기에 어느 정도에서 숫자가 더 늘어나지 않지만, 잡초는 수를 효과적으로 제한해 줄 천적 같은 존재가 없기에 한 줌이었던 잡초가 순식간에 산더미처럼 불어난다. 그래서 종합적 잡초 관리는 실제로 실천하기가 매우 어려우며 앞으로 연구가 필요한 새로운 테마다.

최근에는 환경을 생각해서 되도록 제초제에 의지하지 않는 무농약재배나 저농약재배도 인기가 많다. 제초제는 편리한 도구지만 언제까지나 제초제만 믿을 수는 없다. 이제는 제초제에 의존하지 않고 잡초를 억제하는 방법도 필요하다.

다양한 제초 방법

제초제를 사용하는 화학적 방제 말고 어떤 방제법이 있을까? 순서대로 살펴보자.

먼저 '경종적 방제Cultural control'라는 방법이 있다. 이것은 작물의 재배 기술로 잡초를 억제하는 방법이다. 예컨대 흙을 가는 것도 잡초를 없애는 방법이고, 논에 물을 대는 것도 잡초를 없애는 방법이다. 하지만 흙을 갈거나 논에 물을 댄다는 단순 작업만으로 잡초를 막기에는 역부족이다.

앞서 소개했듯이 흙을 갈면 새로운 잡초의 씨앗이 싹을 틔운다. 뿌리나 지하줄기에서 번식하는 잡초는 밭을 갈면 괜히 찢겨서 오히려 더 늘어날 때도 있다. 논에 물을 대면 밭 잡초는 나지 않지만 논에 적응한 논 잡초가 자라날 뿐이니 어차피 잡초가 나는 것은 똑같다.

조금 더 머리를 굴린 방제도 있다. 예를 들어 정해진 작물만 재배하면 그 환경에 적응한 잡초가 널리 퍼지므로 해마다 재배하는 작물 종류를 바꿔서 돌려짓기하는 방법도 있고, 교대로 논에 심었다가 밭에 심어서 논 잡초나 밭 잡초가 늘어나지 않도록 하는 논밭 돌려짓기라는 방법도 있다. 아니면 작물의 밀도를 높여서 심으면 잡초를 억제할 수 있으니 심는 간격을 바꾸는 방법도 있다.

다음으로는 '기계적 방제Mechanical control'도 있다. 말 그대로 기계를 이용한 제초 방법이다. 예를 들면 제초기도 있고 자라는 작물 사이사이를 갈아서 잡초를 뽑는 중경제초기라는 기계도 있다.

또 물리적으로 잡초가 나는 것을 막는 '물리적 방제Physical control'도 있다. 대표적으로 멀칭이 있는데, 작물 주위를 비닐 등으로 덮어 잡초가 자라나는 것을 막는 방법이다. 전통적으로는 작물 사이사이에 볏짚을 깔기도 했다. 이렇게 하면 잡초가 자라나지 않도록 방해하는 효과가 있다.

생물을 이용한 제초 방법

마지막으로 생물을 이용한 '생물적 방제Biological control'를 소개하겠다. 해충의 천적처럼 잡초의 밀도를 효율적으로 억제해 주는 천적은 없다고 했는데, 잡초 방제에 공헌하는 생물도 있다.

유명한 예로 '오리 농법'이 있다. 논에 새끼오리를 풀어놓으면 오리들은 논 안을 자유롭게 헤엄치면서 해충을 쪼아 먹는다. 오리가 잡초는 많이 먹지 않지만 논을 헤엄치며 다니면 진흙이 섞이면서 물이 흐려진다. 그래서 땅까지 빛이 닿지 않게 되어 잡초 싹이 나지 않게 되고, 싹이 텄다 해도 빛이 닿지 않아 시들어 버린다. 이런 식으로 진흙을 섞어주는 생물은 논에 잡초가 나지 않게 막아준다.

중국 등 아시아 벼농사 지대에는 예부터 논 안에 잉어를 풀어서 쌀을 만드는 것에 그치지 않고 잉어도 같이 길러 먹는 전통 농법이 있다. 일본에도 논에서 붕어나 잉어를 기르는 지역이 있다. 이러한 전통 농법을 참고해서 무논에 자라는 잡초를 막는 기술도 연구되고 있다. 미꾸라지나 투구새우 등 작은 생물도 진흙을 섞어 작은 잡초의 싹을 물에 띄워주는 효과가 있다.

실지렁이 같은 미생물 역시 논의 흙을 부지런히 먹고 흙 표면에 분비를 한다. 이 작용 덕분에 잡초 싹은 뿌리가 뽑혀 위로 떠오르고, 동시에 흙속에 있던 씨앗이 매몰된다고 한다. 그래서 실지렁이를 늘리기 위해 겨울에도 논에 물을 담아두는 겨울철 담수라는 기술도 쓴다.

왕우렁이는 시행착오

최근 왕우렁이라는 외래생물이 각지에서 문제되고 있다. 왕우렁이는 사과우렁이과에 속하며 남아메리카가 원산지인 연체동물이다. 프랑스 요리 가운데 에스카르고라고 해서 달팽이를 이용한 고급 요리가 있는데, 왕우렁이는 에스카르고 대신 쓰인다고 해서 양식되었다. 그런데 이것이 빠져나가 각지로 퍼진 것이다.

왕우렁이는 식욕이 왕성해서 논 안에 있는 잡초를 보이는 족족 다 먹어치운다. 이 얼마나 고마운 존재인가. 그런데 왕우렁이가 물속을 기어 다니며 볏모까지 다 먹어버리는 것이 문제다.

왕우렁이는 물속에서 이동하므로 물을 적게 채우면 이동하지 않고 주변에 있는 잡초를 먹는다. 그러나 넓은 논의 물 깊이를 일정하게 만들기는 쉬운 일이 아니다. 수심이 깊은 곳에서는 볏모를 잡아먹기 때문에 비라도 내려 수위가 올라가게 되면 몽땅 다 먹어치우고 말 것이다.

든든한 우리 편을 적으로 돌리면 무시무시한 존재가 된다. 최근에는 해외에서 옮겨온 외래생물이 피해를 가져다주기도 하는 등 생태계에 영향을 미쳐 문제가 되고 있다. 아무리 도움

| 물을 흐리게 하는 오리농법 |

이 된다 해도 왕우렁이처럼 외국이 원산지인 생물은 섣불리 다뤄서는 안 된다. 그런데 놀랍게도 한국에서는 이 무시무시한 왕우렁이를 논에 뿌려 제초를 한다. 한국은 겨울 기온이 낮아서 논에 뿌린 왕우렁이는 모두 추위에 죽고 만다. 그래서 왕우렁이를 제초에 이용하는 것이다. 생물을 이용한다는 것은 정말 어려운 일이다.

다양한 생물을 이용하다

논 말고 다른 곳으로 눈을 돌려보자. 밭에 있는 잡초들은 벌레들에게 상당수 잡아먹힌다. 이들 벌레를 잡초의 천적으로 이용할 수 없을까? 자연계에는 잡초 잎을 먹거나 씨앗을 먹는 벌레가 많지만, 아쉽게도 이런 벌레들은 잡초가 완전히 없어질 만큼 다 먹어치우지는 못한다. 그러나 이런 벌레들도 앞으로 연구해 이용해야 할 것이다.

야외에서는 잡초도 병에 잘 걸린다. 만약 특정 잡초만 감염시키는 병원균이 있다면, 이들 병원균을 뿌려 잡초를 시들게 만들 수 있다. 이처럼 병원균을 써서 잡초를 말라 죽게 하는 자재는 이미 개발되었는데, 이를 '생물 농약'이라고 한다.

벌레나 세균류보다 크기가 더 큰 것으로 최근 염소가 주목받고 있다. 염소를 매어두거나 울타리를 쳐서 기르면 그 범위 안에 있는 잡초를 염소가 깨끗이 먹어치운다. 초식동물인 염소는 끊임없이 풀을 먹는다. 게다가 염소는 식욕이 왕성하고 편식도 하지 않아서 다양한 풀을 먹는다. 나아가 인간이 제초 작업을 하지 못하는 경사가 급한 곳에도 손쉽게 올라가 잡초를 먹을 수 있다.

그뿐만 아니라 염소는 기가 세서 농작물을 해치러 온 야생 동물을 쫓아내는 효과도 있고, 사람들이 모여들어 시끌벅적하게 만들 수도 있다. 지금 염소는 각지에서 큰 인기를 누리고 있다.

22세기의 잡초

이 책 머리말에서는 《도라에몽》 1권에 등장한 에피소드를 소개했다. 미래의 제초기를 달라고 조르던 진구는 도라에몽에게 "그런 건 없어"라는 대답을 들었다. 이 말에서는 인간이 여전히 제초에서 벗어나지 못한 미래와 잡초가 완전히 멸망해 사라진 미래 중 하나를 상상할 수 있다. 과연 미래에도 인류는 계속 잡초에 시달릴까? 아니면 잡초가 없는 세상에서 살까? 이것이 머리말에서 던진 질문이었다.

미래에 일어날 일은 아무도 모르지만 단서가 될 만한 이야기가 있다. 〈인터스텔라〉(2014년 개봉)라는 SF 영화에서는 이상기후 때문에 인류가 멸망의 위기에 처한 미래를 그렸다. 몇 년쯤인지 정확하게는 알 수 없지만 곡물 수확은 GPS와 인공지능을 탑재한 농업기계가 자동으로 해주는 시대다. 그러나 기후 변동으로 땅은 사막화가 진행되고 사람들은 휘몰아치는 모래바람 때문에 겁에 질린 채 살고 있다. 그러던 중 농부인 주인공은 자기 아들에게 이렇게 말한다. "오늘은 헛간에서 제초제 저항성 잡초에 대해 가르쳐주마."

다가올 미래가 식물이 다 말라 죽은 미래라 할지라도 사람들은 슈퍼잡초와 끝없는 싸움을 벌이고 있다. 인류는 벌써 1만 년 동안이나 잡초와 힘겨운 싸움을 벌여왔다. 이 싸움이 고작 몇백 년 후 사라지리라는 상상은 도저히 할 수 없다.

8장

잡초가 되려면
특수한 능력이
필요하다

지금까지 보았듯이 잡초는 아무 식물이 아무렇게나 자라는 것이 아니다. 잡초가 되려면 반드시 특수한 능력이 있어야 한다. 잡초가 될 수 있는 성질은 잡초성Weediness이라고 하는데, 그럼 잡초성이란 구체적으로 무엇을 말할까? 여기에서는 잡초의 특징을 정리해 본다.

잡초학자 베이커는 〈잡초의 진화The Evolution of Weeds〉라는 논문에서 '이상적인 잡초의 조건'으로 열두 가지 항목을 들었다. 대체 이상적인 잡초의 조건이란 무엇일까?

다음은 베이커가 말한 이상적인 잡초의 조건들이다.

이상적인 잡초의 열두 가지 조건

1. 씨앗에 휴면성이 있고 발아에 필요한 환경 요구가 다양하고 복잡하다.

2. 발아가 제각각이며 흙속에 묻혀 있는 씨앗의 수명이 길다.

3. 영양 성장이 빠르며 꽃을 피우기까지 시간이 오래 걸리지 않는다.

4. 생육이 가능한 한 오랜 기간에 걸쳐 씨앗을 생산한다.

5. 자가화합성이긴 하지만 반드시 제꽃가루받이를 하거나 무수정생식은 하지 않는다.

6. 딴꽃가루받이를 할 때 풍매화이거나 충매화일지라도 곤충을 특정하지 않는다.

7. 환경이 좋으면 씨앗을 많이 생산한다.

8. 환경이 나빠도 씨앗을 조금이라도 생산할 수 있다.

9. 가까운 거리에서 먼 거리까지 교묘하게 씨앗을 뿌릴 수 있는 시스템을 갖추었다.

10. 여러해살이인 경우 절단된 영양기관에서 강한 번식력과 재생력을 보인다.

11. 여러해살이인 경우 인간의 교란이 일어나는 곳보다 더 깊은 흙속에서 휴면아(쉬는눈)를 가진다.

12. 씨앗끼리 경쟁할 때 유리하도록 특유의 구조를 가진다.

이 열두 가지 조건을 하나하나 자세히 살펴보자.

'1. 씨앗에 휴면성이 있고 발아에 필요한 환경 요구가 다양하고 복잡하다, 2. 발아가 제각각이며 흙속에 묻혀 있는 씨앗의 수명이 길다'는 3장에서 소개한 씨앗의 전략에 관한 항목이다.

잡초세계에서는 언제 싹을 틔울까 하는 타이밍을 말하는데, 여기서 성공과 실패가 판가름 난다. 만약 타이밍을 잘못 짚으면 살아남을 수 없는데 이 타이밍을 재는 것이 바로 휴면이다. 언제 싹을 틔울지는 조건에 따라 복잡해진다. 휴면의 특징이 제각각이고, 흙속 얕은 곳에 있는지 깊은 곳에 있는지에 따라서도 환경 조건이 달라서 휴면하다 깨어나는 방법이나 각자 싹을 틔우는 타이밍은 더 들쑥날쑥하다. 그러나 발아 타이밍을 기다리다 죽으면 모든 것이 물거품이 되므로 씨앗은 수명을 최대한 길게 늘려 흙속에서 기회를 잠자코 기다린다.

'3. 영양 성장이 빠르며 꽃을 피우기까지 시간이 오래 걸리지 않는다, 4. 생육이 가능한 한 오랜 기간에 걸쳐 씨앗을 생산한다'는 성장과 관련된 특징인데 이는 속도와 지속성에 있다.

속도는 잡초의 성공에 아주 중요한 열쇠다. 싹을 틔울 때까지는 얌전히 타이밍을 재는 것이다. 그러나 잡초가 자라는 곳은 언제 어떤 일이 일어날지 모르는 예측 불가능한 환경이므로 일단 싹을 틔우면 거침없이 쑥쑥 성장한다.

그러나 꽃을 피운다고 해서 다가 아니다. 꽃을 하나 피우면 다음 꽃을 피우려 하고 또 다른 꽃을 피우려 하며 힘닿는 데까지 연달아 꽃을 피운다. 단거리선수뿐만 아니라 계속해서 꽃을 피우는 이어달리기선수의 성격도 함께 갖춘 것이다.

'5. 자가화합성이긴 하지만 반드시 제꽃가루받이를 하거나 무수정생식은 하지 않는다, 6. 딴꽃가루받이를 할 때 풍매화이거나 충매화일지라도 곤충을 특정하지 않는다'는 5장에서 소개한 생식 생리의 특징이다. 제꽃가루받이를 하는 자가화합성은 잡초의 특징이다. 또 자기 꽃가루를 자기 암술에 붙여 꽃가루받이를 하는 것이 제꽃가루받이인데, '무수정생식'이란 꽃가루받이를 하지 않고 암술만으로 씨앗을 생산하는 특수한 성질이다. 그러나 제꽃가루받이뿐만 아니라 딴꽃가루받이도 할 수 있어서 잡초는 선택의 폭이 넓다.

이처럼 베이커는 한 가지 방법만 고집하지 않고 다양한 기능을 준비해 두는 것이 잡초의 위대한 점이라는 사실을 설명했다. 게다가 벌레가 없어서 수정을 하지 못하면 그 원인을 따지는 것이 아니라 무슨 수를 써서라도 씨앗을 생산한다.

'7. 환경이 좋으면 씨앗을 많이 생산한다, 8. 환경이 나빠도 씨앗을 조금이라도 생산할 수 있다'는 씨앗 생산에 관한 항목이다. 잡초에 가장 중요한 것은 씨앗을 생산하는 일이다. 8번 항목에서 얘기한 것처럼 나쁜 환경에서도 남몰래 꽃을 피워 씨앗을 남기는 모습은 우리가 익히 알고 있듯이 아스팔트에 불쑥 돋아난 잡초를 연상케 한다. 그야말로 잡초의 진면목이다. 그러나 베이커는 잡초가 대단한 점이 그뿐만이 아니라고 했다. 조건이 좋을 때는 또 그에 맞게 많은 씨앗을 남긴다.

조건이 나쁠 때는 나쁜 대로, 좋을 때는 좋은 대로 씨앗을 생산한다는 것은 언뜻 당연해 보이지만 결코 쉬운 일이 아니다. 예컨대, 우리가 재배하는 채소나 화단의 꽃들은 생육이 나쁘면 더 자라지 않고 꽃을 피우지 않는 경우가 있다. 반대로 비료를 너무 많이 주면 줄기나 잎만 무성해지고 중요한 꽃이 피지 않거나 열매가 적어지기도 한다. 그러나 잡초는 어떤 조건에서든 최대한 씨앗을 남긴다. 어떤 상황에 놓여도 씨앗을 남긴다는 목적에는 흔들림이 없다.

'9. 가까운 거리에서 먼 거리까지 교묘하게 씨앗을 뿌릴 수 있는 시스템을 갖추었다, 10. 여러해살이인 경우 절단된 영양 기관에서 강한 번식력과 재생력을 보인다'는 번식에 관한 항목이다. 잡초는 씨앗만 생산했다고 해서 끝이 아니라 이런저런 방법을 써서 씨앗을 퍼뜨린다. 그리고 여러해살이일 때는 강한 재생 능력을 보인다.

잡초가 나는 곳은 변화 가능성이 있는 불안정한 장소다. 씨앗을 멀리 퍼뜨리는 것은 분포를 넓히려는 목적도 있지만, 위험을 분산하려는 목적도 있다. 또 성장과정에서 잘리기도 하고 꺾이기도 한다. 그러나 거기서 말라 죽을 정도로 잡초는 약하지 않다. 다시 싹을 틔워 자라난다. 그뿐만 아니라 절단된 영양기관에서도 모두 싹을 틔워 역경을 기회로 삼아 번식한다.

'11. 여러해살이인 경우 인간의 교란이 일어나는 곳보다 더 깊은 흙속에서 휴면아(쉬는눈)를 가진다, 12. 씨앗끼리 경쟁할 때 유리하도록 특유의 구조를 가진다'는 생존 전략에 관한 항목이라고 할 수 있다. 잡초는 갈아엎어지기도 하고 베어지기도 한다. 잡초가 사는 곳에서는 온갖 교란이 일어나므로 그 교란에 대응하는 것이 중요하다.

그러나 표면적인 난리에 말려들지 않고 사람들 손이 닿지 않는 깊은 곳에서 잠자코 기다리는 것도 효과적인 방법이다. 땅 위로 쭉 뻗어나가는 것만이 능사는 아니며 가만히 죽은 척할 줄도 알아야 한다. 잡초에는 혹독한 경쟁에서 이기기 위해 특별한 구조가 있다. 자신만의 무기나 특이한 전투법이 없으면 살아남기가 어렵다.

모든 잡초가 이 열두 가지 항목을 만족하는 것은 아니다. 오히려 이 모든 항목을 충족하는 잡초는 존재하지 않는 꿈의 잡초라고 할 수 있다. 이는 어디까지나 '이상적인 잡초'의 특징일 뿐이다. 그러나 잡초에는 이러한 특징이 있으며, 이런 특징을 많이 지닌 잡초가 성공한다. 왠지 인간세계에도 적용할 수 있는 성공으로 가는 항목처럼 보이는 것은 나만의 착각일까?

잡초가 된 백합

잡초는 대충 자라나는 듯한 느낌이 드는데, 정말 잡초로서 대접을 받으려면 '잡초성'이 필요할까? 최근에 도로나 공원 등에서 누가 심지도 않았는데 흰 백합꽃이 무리를 지어 피어 있는 모습이 종종 눈에 띈다. 이것이 잡초 백합인 대만나리(대만백합)이다. 대만나리는 대만이 원산지인 귀화식물이다.

대만나리는 백합에서 진화했다고 추측된다. 백합은 원예용으로 유명하지만, 원래 오키나와 등 남서제도 해안 근처에 야

대만나리

백합

꽃이 떨어질 때
꽃가루를 묻히고 간다.

박각시나방

| 대만나리와 백합 |

생으로 자라는 식물이다. 그리고 대만나리는 이 남서제도 바다 건너편에 있는 대만에 분포하는 것이다.

백합은 해안에 자생하는 야생식물이지만 잡초로서 널리 퍼지는 일은 없다. 그러나 백합에서 진화한 대만나리는 잡초로 널리 퍼지고 있는데 이 차이는 어디에 있을까? 가장 큰 차이점은 씨앗에서 꽃이 필 때까지 걸리는 시간이다.

현재 원예종으로 개량된 백합은 구근(땅속에 있는 식물체의 일부인 뿌리나 줄기 또는 잎 따위에 양분을 저장한 것-옮긴이)으로 늘어나므로 씨앗은 생산하지 않지만, 야생 백합은 씨앗으로 널리 퍼진다. 다만 백합은 씨앗이 싹을 틔우고 꽃이 필 때까지 3년이라는 시간이 필요한데 대만나리는 씨앗 상태에서 몇 개월만 있으면 꽃을 피울 수 있다.

백합의 꽃가루는 박각시나방이 매개한다. 백합은 어둠 속에서 눈에 띄는 흰색이고, 저녁이 되면 향이 강해진다. 이렇게 해서 밤에 활동하는 박각시나방을 꾀는 것이다. 그러나 박각시나방이 없는 환경에서는 수정할 수 없다. 한편 대만나리는 제꽃가루받이를 해서 씨앗을 만들 수 있다. 대만나리는 꽃잎이 줄기 부분과 바로 붙어 있으며 꽃이 질 때가 되면 꽃잎이 수술이나 암술을 감싸듯이 땅으로 떨어진다. 이때 수술과 암술이 붙어서 제꽃가루받이를 한다. 게다가 백합은 꽃 하나가 씨앗을 100립 정도밖에 생산하지 못하는데, 대만나리는 그 10배인 1,000립이나 생산한다. 이렇게 대만나리는 거침없이 꽃을 피우고 씨앗을 대량으로 퍼뜨리며 번식한다.

이런 식으로 백합과 비교하면 대만나리는 잡초로서 뛰어난 성질을 지녔다. 백합에서 대만나리로 진화하는 과정에서 무슨 일이 일어났는지는 알 수 없지만, 대만나리는 백합 친구들 중에서는 보기 드물게 잡초가 되었다.

최강의 배신자는 누구?

이 세상에서 어떤 잡초를 '최강의 잡초'라고 할 수 있을까? 앞에서 제초제가 효과를 보지 못하는 슈퍼잡초를 소개했다. 슈퍼잡초도 최강의 잡초 중 하나일지 모르지만 더 어마어마한 잡초도 있다. 그것은 바로 '잡초벼(앵미)'다.

작물 벼는 씨앗이 떨어지지 않는 '비탈립성'이라는 특징을 지녔다. 그래서 벼가 무거워 보이는 이삭을 늘인 채 휘어 있는 것이다. 야생식물은 씨앗을 떨어뜨리지 않으면 자손을 남길 수 없으므로 이 비탈립성은 식물의 특수한 형질이다. 인간은 수확을 해야 하기 때문에 씨앗이 떨어지지 않아야 한다. 그래서 씨앗이 떨어지지 않는 비탈립성 형질을 지닌 개체를 선발해 작물로 길러온 것이다.

그러나 벼 중 식물이 원래 가진 '탈립성'을 회복한 돌연변이가 나타난다. 탈립성을 획득한 벼는 논에 씨앗을 흩뿌린다. 그리고 하필이면 이 벼가 이듬해 마음대로 자라나서 논의 잡초가 되는데 이것이 '잡초벼'다.

아무리 잡초라 해도 벼는 벼인데 논에서 자라난들 무슨 문제가 되겠냐고 생각할지도 모르지만 그렇지 않다. 논에서 벼로 자라난다 해도 씨앗을 떨어뜨리기 때문에 수확할 때는 쌀이 한 톨도 남아 있지 않은 쭉정이나 마찬가지다. 그런 벼가 해마다 늘어나는 데다가 원래는 벼이다 보니 눈으로는 구별되지 않아 다른 잡초처럼 뽑을 수도 없고 제초제에도 끄떡하지 않는다.

일반 논에서는 볏모로 모내기를 하므로 잡초벼가 불쑥 싹을 틔웠다 해도 문제가 될 염려는 적다. 그러나 최근에는 모내기 수고를 덜기 위해 논에 직접 씨앗을 뿌리는 곧뿌림(직파) 방법을 이용하는데, 이런 논에서는 뿌린 볍씨에서 나온 싹과 비슷하게 자라나는 잡초벼 때문에 골치를 썩고 있다.

잡초를 작물로 이용하다

지금까지 소개한 잡초성은 잡초가 잡초로 성공하기 위해 중요한 성질인데 잡초와 작물은 대조적인 성질도 갖고 있다. 예를 들면 앞서 소개한 탈립성도 작물과 잡초를 나누는 큰 특징이다. 씨앗이 떨어지지 말아야 할 작물은 비탈립성을 가졌고, 씨앗으로 번식하는 잡초는 탈립성을 가졌다.

발아가 일정하고 성장이 고른 것도 작물을 재배할 때 중요한 특징이다. 씨앗을 뿌려도 싹이 제각각 나거나 수확 시기가 일정하지 않으면 농사를 짓기가 힘들다. 하지만 잡초는 일정하게 싹이 나면 전멸할 우려가 있다. 그래서 따로따로 불규칙하게 싹을 틔우는 것이 잡초에는 좋다고 앞서 설명했다. 이처럼 작물과 잡초는 성질이 다를 때가 있다.

그러나 성장이 빠르거나 생육이 왕성하거나 열악한 환경에 강하거나 씨앗을 많이 생산한다는 잡초의 성질은 작물에도 훌륭한 성질이 될 수 있다. 그래서 잡초를 잘만 활용하면 도움이 되는 작물로 이용할 수 있을지 모른다.

예부터 사람들은 잡초를 이용해 왔다. 예를 들면 오트밀로도 유명한 귀리는 원래 메귀리라는 보리밭의 잡초였다. 메귀리는 보리가 잘 자라지 않는 곳이나 기후에서도 왕성하게 자랐다. 차라리 메귀리를 재배하는 편이 낫겠다고 생각했는지는 알 수 없지만 메귀리는 재배식물로 개량되어 오트밀이 되었다.

야생식물을 개량하면 재배식물로 만들 수 있는데 야생식물에서 개량된 작물을 1차작물이라고 한다. 이와 달리 귀리는 야생식물에서 잡초인 메귀리로 진화했고, 나아가 잡초 메귀리를 개량해 작물이 만들어졌다. 이렇게 잡초로 진화한 식물에서 작물이 된 것을 2차작물이라고 한다. 호밀빵 원료인 호밀도 귀리와 마찬가지로 원래는 보리밭의 잡초였는데 작물로 이용한 것이고, 율무차 재료인 율무도 잡초인 염주를 개량해 만들어진 2차작물이다.

1차작물, 2차작물이라고 분류하긴 해도 작물은 인류가 농경을 시작한 옛날부터 만들어졌기에 어떻게 작물이 만들어졌는지 밝혀지지 않은 것도 많다. 예를 들면 조는 잡초인 강아지풀과 친척관계라고 한다. 공통된 야생식물 조상에서 작물인 조와 잡초인 강아지풀이 각각 발달했는지, 아니면 잡초 강아지풀을 개량해 작물 조를 만들었는지는 밝혀지지 않았다.

잡초를 이용하다

잡초의 다양한 특성은 잘만 이용하면 득이 되지 않을까 하는 관점에서 이에 대해 연구를 진행하기도 한다. 건조에 강한 잡초가 있다고 생각해 보자. 그런 잡초들은 사막의 녹지화에 이용할 수 있을지도 모른다. 또 도시에서는 열섬 현상이 문제가 되는데 흙이 적은 도시에서도 잡초를 기를 수 있으니 잡초가 푸른 자연을 제공해 줄지도 모른다. 옥상을 푸르게 만드는 옥상 녹화에는 고온이나 건조에 강한 돌나무(세덤)속 식물을 심는데, 이 중에는 멕시코돌나물이나 돌나물, 땅채송화 등 길이나 밭에서 볼 수 있는 잡초종도 자주 이용된다. 불타는 태양이 내리쬐는 옥상이라는 혹독한 환경에도 견딜 수 있는 잡초가 활약하는 것이다.

잡초는 돌보지 않아도 성장한다. 창문이나 건물의 벽을 덮어서 햇빛을 피하는 '그린커튼(녹색커튼)'으로 이용되는 여러해살이 나팔꽃 종류도 잡초다. 또 관리에 손이 많이 가지 않는 잔디로 주목받는 자생 잔디나 우산잔디(버뮤다그래스)는 길가나 황무지에서도 흔히 볼 수 있는 잡초다.

잡초는 흡수력이 강해서 밭에 있는 영양분을 빼앗아 간다.

이 특성을 활용하면 오염된 물에서 양분을 흡수해서 물을 정화할 수 있을지도 모른다. 또는 부영양화된 토지나 오염된 토지의 영양분을 흡수해 줄 수도 있다. 잡초는 가능성이 무궁무진하다.

잡초의 새로운 정의

잡초는 바라지 않는 곳에 자라나는 식물이라고 정의된다. 다시 말하면 훼방꾼인 것이다. 미국의 철학자 랠프 왈도 에머슨은 잡초를 다음과 같이 정의했다.

"잡초는 아직 그 가치를 발견하지 못한 식물이다."

잡초는 아무 짝에도 쓸모없는 훼방꾼이라고 깊이 인식되어 있을 때 비로소 '잡초'가 된다. 길가에 핀 이름 모를 풀을 '아무 짝에도 쓸모없는 훼방꾼'이라고 여기면 그저 그런 잡초일 수 있지만 이것이 곧 이제껏 본 적 없는 가치를 지닌 식물일지도 모른다. 잡초인지 아닌지는 우리 마음이 정하는 것이다.

이런 이야기는 비단 잡초에만 그치지 않는다. 에머슨은 우리가 잡초의 가치를 발견하지 못하듯 주변에 넘쳐나는 가치 있는 것들을 보지 못하고 있을지도 모른다고 경고했다. 가치 있는 것은 먼 곳에 있는 것이 아니다. 우리 발밑에 있을지도 모른다. 어쩌면 아직 발견하지 못한 가치는 내 안에 있을지도 모른다.

9장

넘버원이면서
온리원인 잡초

잡초는 밟혀도 일어나지 않는다

다시 잡초 이야기로 돌아가 보자. 흔히 "잡초는 밟히고 또 밟혀도 □□□□"라고 하는데 이 네모 안에 어떤 말이 들어갈까? 대부분 '일어선다'고 할 것이다. 잡초처럼 무슨 일이 있어도 일어서라는 말은 하고 싶지 않다. 밟힌 잡초는 일어서지 않기 때문이다.

잡초를 관찰해 보면 잡초가 밟혀도 일어선다는 것은 맞지 않는다는 사실을 알 수 있다. 잡초는 밟히면 일어서지 않는다. 사람들이 잘 밟는 곳에 자라난 잡초를 보면, 밟혀도 타격을 적게 입을 수 있도록 땅에 길게 누워 있듯이 자라났다. 그러니 '밟히면 일어서지 않는다'는 것이 진정한 잡초의 혼이다. 듬직하다는 이미지를 주는 잡초치고는 너무 한심하게 여겨질지도 모른다.

그런데 밟혔는데 왜 일어서야 할까? 잡초 입장에서 가장 중요한 것은 무엇일까? 그것은 꽃을 피워 씨앗을 남기는 일이다. 그렇다면 밟히고 또 밟혀도 계속 일어서는 것은 상당한 에너지 낭비다. 그런 쓸데없는 일에 에너지를 쏟기보다는 밟히면서도 꽃을 피우는 것이 더 중요하다. 밟히면서 씨앗을 남기는 데 에너지를 쏟는 편이 훨씬 더 합리적인 것이다. 그래서 잡초는 밟히면서도 에너지를 최대한으로 써서 꽃을 피우고 씨앗을 확실히 남긴다. 밟히고 또 밟혀도 오뚝이처럼 일어서는 무모한 끈기보다는 훨씬 굳세고 듬직하다.

잡초는 밟히면 일어서지 않는다. 하지만 잡초는 밟히고 또 밟혀도 반드시 꽃을 피우고 씨앗을 남긴다. 중요한 것을 놓치지 않는 삶, 이것이 바로 진정한 잡초의 혼이다.

물론 인간은 자손만 남기면 되는 단순한 생물이 아니다. 그렇다면 당신에게는 무엇이 소중한가? 다행히 인간은 그것을 생각하는 뇌를 갖고 있다. 인간에게 소중한 것을 찾는 일 또한 하나의 삶일 것이다.

넘버원인가, 온리원인가

일본의 인기 그룹이었던 스맙SMAP의 노래 〈세상에 하나뿐인 꽃〉에는 이런 노랫말이 있다.

"넘버원이 아니면 어때요. 우리는 처음부터 특별한 온리원."

이 노랫말에 대해서는 두 가지 의견이 있다. 하나는 노랫말대로 온리원이 중요하다는 의견이다. 세상은 경쟁사회지만 넘버원에게만 가치가 있는 것은 아니다. 한 사람 한 사람은 특별한 개성이 있는 존재이니 그것만으로도 충분하다는 뜻이다. 또 하나는 세상이 경쟁사회라면 넘버원을 향해 돌진해야만 하지 온리원으로 만족해서는 안 된다는 의견이다.

온리원인가, 넘버원인가? 여러분은 어느 쪽 의견에 찬성하는가? 생물들을 쭉 둘러보다 보면 자연계에서 이 노랫말에 대한 명확한 답을 찾을 수 있다.

넘버원만이 살아남는다

생물세계의 법칙으로는 가혹하게도 넘버원만이 살아남는

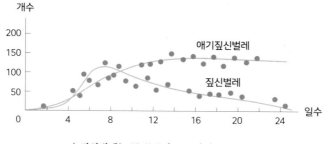

| 짚신벌레는 두 종류가 공존하지 못한다. |

다. 러시아 생태학자 게오르기 가우제는 짚신벌레와 애기짚신벌레라는 두 종류의 짚신벌레를 한 수조에 같이 기르는 실험을 했다. 그런데 물이나 먹이가 풍부한데도 한 종류만 살아남고 다른 짚신벌레는 죽어 사라진 것을 발견했다. 이것이 '가우제의 법칙'이다.

이렇게 강한 자가 살아남고 약한 자는 멸망한다. 다시 말해 생물은 생존을 걸고 격렬하게 싸우므로 공존할 수 없으며 넘버원만이 살아남는다는 것이 자연계의 혹독한 법칙이다. 자연계에 넘버투는 있을 수 없다.

이렇게 넘버원밖에 살아남지 못한다면 이 세상에는 생물이 한 종류밖에 없어야 한다. 그런데 신기하게도 자연계를 둘러보면 다양한 생물이 살고 있다. 넘버원밖에 살 수 없는 자연계에 어떻게 이렇게 많은 생물이 살고 있을까?

영역을 나누는 전략

사실 가우제의 실험은 여기서 끝이 아니다. 짚신벌레의 종류를 바꿔서 짚신벌레와 녹색짚신벌레로 실험을 해봤더니, 이번에는 짚신벌레 두 종류가 한 수조 안에서 공존했다. 어떻게 이 실험에서는 두 종류가 공존할 수 있었을까?

사실 짚신벌레와 녹색짚신벌레는 사는 장소와 먹이가 다르다. 짚신벌레는 수조의 제일 위쪽에 있으면서 둥둥 떠 있는 대장균을 먹이로 삼았다. 한편 녹색짚신벌레는 수조 바닥에 있으면서 효모균을 먹이로 삼았다. 이렇게 같은 수조 안에 있어도 사는 세계가 다르면 경쟁할 필요도 없어서 공존할 수 있다. 다시 말해 수조 위의 넘버원과 수조 바닥의 넘버원으로 구분지어 서로 나눈 것이다. 이것이 '서식지 격리'다.

비슷한 환경에서 사는 생물들은 치열하게 경쟁하고 넘버원밖에 살아남지 못한다. 그러나 살아가는 환경이 다르면 공존할 수 있다. 넘버원만이 살아남는 것이 자연계의 철칙인데도

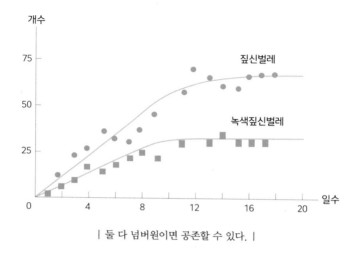

| 둘 다 넘버원이면 공존할 수 있다. |

많은 생물이 살고 있다. 다시 말해 모든 생물이 각자 영역에서 넘버원이라는 것이다.

넘버원이 중요한가, 온리원이 중요한가? 이에 대한 답은 이미 알 것이다. 모든 생물은 넘버원이다. 그리고 넘버원이 될 수 있는 장소를 갖고 있다. 이 장소는 온리원이다. 즉 모든 생물은 넘버원이면서 온리원이다.

이렇게 넘버원이 될 수 있는 온리원인 장소를 생태학에서는 '니치niche'라고 한다. 니치는 각 생물이 고유하게 가지는 것이다. 니치는 장소일 때도 있고 먹이일 때도 있고 환경일 때도 있다. 니치란 원래 장식품을 꾸미기 위해 사원 등의 벽면을 움푹 파서 마련한 부분을 뜻한다. 생물학 분야에서는 그 말을 따와서 '어느 생물종이 생식하는 범위의 환경'을 가리키는 말로 쓰게 되었다. 생물학에서 니치는 '생태적 지위'라고 해석된다. 움푹 파인 곳 하나에 장식품을 하나만 꾸밀 수 있는 것처럼, 한 니치에는 한 생물종밖에 살 수 없다.

마케팅에서는 니치전략이라고 하면 틈새를 노리는 전략이라는 뜻으로 사용되는데, 생물에게는 단순히 틈새를 뜻하는 말이 아니다. 모든 생물이 자신만의 니치를 가지고 있다. 큰 니치도 있지만 작은 니치도 있는데, 직소퍼즐 조각이 딱 맞춰지는 것처럼 생물은 니치를 서로 나눠 가졌다. 가령 니치가 겹치면, 그 부분에서 치열한 경쟁이 벌어져 어느 한 종만 살아남는다. 이는 짚신벌레 실험에서 고스란히 드러났다.

잡초는 경쟁을 피해 교란이 있는 곳에서 자라나는 것이 생존 전략이다. 그러나 잡초도 종류가 다양하다. 식물은 모여서 나므로 어떤 식으로 니치를 나누는지는 알기 어렵지만, 무질서하게 자라나는 것처럼 보이는 풀숲 안에서도 식물들이 니치를 서로 나눠 공존하고 있다고 볼 수 있다.

넘버원이 될 수 있는 온리원 장소를 찾아라

앞에서 온리원이면서 넘버원을 추구한다고 소개한 이야기는 '생물의 종'에 국한되는 것이다. 예를 들어 인간이라는 종은 지능을 발달시켜 자연을 요리조리 만들고 바꾸는 온리원이자 넘버원인 종일 터다. 우리 한 사람 한 사람은 생물종 안의 '개체'이므로 종이라는 집단 안에서 반드시 니치를 서로 나눌 필요가 없다. 그러나 넘버원이 될 수 있는 온리원을 찾는다는 생물세계의 전략은 빡빡한 현대사회를 살아가는 인간에게도 도움이 되지 않을까 싶다.

자연계의 경쟁과 닮은 곳이 연예계다. 연예계는 캐릭터가 중복되는 것을 싫어한다. 방송에서 캐릭터가 같은 사람을 둘이나 쓸 필요는 없다. 캐릭터가 겹친다는 이유만으로 출연할 수 있는 방송이 줄어들 수도 있다. 그리고 개성을 잃게 되어 머지않아 한쪽만 살아남고 한쪽은 가차 없이 연예계에서 사라지게 된다.

예를 들면 아이돌 그룹에는 멤버가 여럿이지만 각자 개성이 달라서 어떤 멤버는 노래를 잘 부르고 어떤 멤버는 춤을 잘 춘다는 식으로 서로 다른 캐릭터를 내세운다. 그야말로 한 사

204

전략가, 잡초

람 한 사람이 넘버원이다. 어떤 아이돌 그룹의 멤버가 모두 멋있고 춤도 잘 추고 운동도 잘한다고 해도 캐릭터가 똑같으면 안 된다. 그래서 그룹에서는 장난꾸러기 캐릭터, 착한 캐릭터, 멋있는 캐릭터, 리더십 있는 캐릭터, 애교 넘치는 캐릭터 등으로 나눠 균형을 맞춘다. 이렇듯 한 그룹으로 똘똘 뭉쳐 있지만 각자 개성이 다르며 이것이 바로 인기 아이돌 그룹의 매력이다.

자신 없는 것도 개성이 된다

캐릭터 만들기가 어떤 것인지 알 수 있는 좋은 예가 개그맨일 것이다. 개그맨들은 다른 개그맨과 구별하기 위해 기억에 남기 쉬운 다양한 캐릭터를 만들어 개성을 표출한다. 연예인 중에는 아이돌인데도 노래를 잘 못하는 사람, 밴드에 있는데도 악기를 다루지 못하는 사람은 물론 못생긴 사람, 일이 없어서 한물간 사람 등 다양한 사람이 있다. 치명적인 결점을 오히려 매력으로 승화해 인기를 얻는 것이다.

누구나 공통으로 생각하는 넘버원일 필요는 없다. 개성을 가꿀 때는 이래야 한다는 상식에서 벗어나는 것도 중요하다. 잡초도 살아남으려면 경쟁에 강해져야 한다. 빛을 받으려면 세로로 길게 뻗어야 한다는 상식과 다른 방법으로 성공하고 있다.

생물은 균일하지 않고 각각 다르다. 하지만 그렇게 해서는 이해하기 불편하므로 인간은 평균값을 취한다. 그리고 평균값을 그 집단의 대표로 삼는다. 수학능력시험처럼 수치로 나타나면 평균값을 낼 수는 있지만 그것은 수학능력시험이라는 하나의 기준점으로 측정한 숫자일 뿐이다.

생물은 기준점이 더 다양한 개성 넘치는 존재다. 평균값은 인간이 편하게 관리하고 싶어서 하나의 기준점만으로 계측하고 더하고 나눈 숫자에 지나지 않는다. 그리고 평균값에서 너무 동떨어진 값은 '오류값'으로 친다. 그러나 자칫하면 평균값에서 멀리 떨어진 오류값이 살아남거나 새로운 진화를 낳는 원동력이 되기도 하는 것이 생물의 세계다.

잡초의 세계를 보자. 잡초는 작은 것도 있고 큰 것도 있다. 싹을 빨리 틔우는 것도 있고 늦게 틔우는 것도 있다. 잡초에 중요한 것은 각자 다르다는 점이지 누가 잘났고 누가 못났다고 평가하는 것이 아니다. 개성에는 평균적 개체도 없을뿐더러 평균 이하라는 말도 없다.

우리는 흔히 '보통'이라는 말을 하는데 보통이 대체 무엇일까? 평균값이 보통이라면 보통은 존재하지 않는다. 보통은 환상 속 존재일 뿐이다.

인간세계에서는 보통이라고 하면 반드시 따라야 할 상식을 말하기도 한다. 인간이 생각하는 반드시 따라야 할 상식이 똘똘 뭉쳐 덩어리가 된 것이 바로 보통이다. 그러나 잡초는 반드시 따라야 하는 것이 아닌 곳에서 싸워 성공하고 있다.

넘버원이 될 수 있는 것

당신이 넘버원이 될 수 있는 분야는 무엇인가. 그것을 발견하기는 만만치 않을지도 모르지만 넘버원이 될 수 있는 간단한 방법이 있다. 가장 간단하게 넘버원이 될 수 있는 종목은 바로 나만의 개성이다. 나만의 개성이라는 종목에서 당신을 이길 사람은 없다. 그렇다면 나만의 개성을 갈고닦아 점점 더 끌어올리는 것이 넘버원이 될 수 있는 지름길일 것이다.

남과 비교하는 것이 가장 쓸모없는 일이다. 특정 인물을 롤

모델로 삼고 나아가는 한 당신은 넘버원이 될 수 없다. 누구나 특기가 있고, 노력하지 않아도 간단히 할 수 있는 일도 있지만 노력해도 잘되지 않는 일도 있다. 노력하지 않아도 되는 일을 철저하게 노력하는 것도 넘버원이 되는 한 가지 방법이다.

아이러니하게 좋아하지도 않는 일을 잘하는 사람도 있고 좋아하는데 잘되지 않아 번번이 실패하는 사람도 있다. 가능하면 누구나 좋아하는 일을 선택하고 싶어 한다. 또는 잘하는 일인데 절대 이기지 못하는 경쟁자가 있을 때도 있다. 그럴 때는 생물의 '니치 시프트(전환)'를 참고하기 바란다.

넘버원이 될 수 있는 온리원인 장소가 니치다. 그것은 자신이 잘하는 일이나 좋아하는 일이다. 그때 살짝 방향을 틀어 그 주변에서 자신의 니치를 찾아보자. 잘하는데 좋아하지 않는 일은 살짝만 비틀어 보면 좋아하는 일이 될지도 모른다. 비틀어 보기는 생물에게도 중요한 전략이다. 모든 생물은 그렇게 조금씩 방향을 틀면서 넘버원이 될 수 있는 니치를 찾는다.

생물은 상부상조한다

생물은 항상 치열한 싸움을 벌인다고 하지만 다시 생각해 보자. 식물은 곤충에게 꿀을 제공하고, 곤충은 그 대가로 꽃가루를 날라준다. 이러한 공생관계가 자연계에 아주 많다. 자연계에는 어떤 법률도 도덕도 없다. 법이 통하지 않는 무법지대다. 눈 뜨고 코 베어가는 치열한 경쟁 속에 속고 속이는 기 싸움이 펼쳐진다. 그 누구도 서로 도와야 한다는 가르침을 주지 않는다. 그래도 생물들은 서로 돕고 균형을 유지하며 생태계를 이루고 있다.

식물의 꽃과 꽃가루를 옮기는 곤충은 서로 돕는 것처럼 보이지만 딱히 서로를 생각해서 하는 행동은 아니다. 곤충은 자신을 위해 꿀을 모을 뿐이고, 식물도 꽃가루를 옮기게 하려고 노력할 뿐이다. 모든 생물이 자기 이득만을 생각해 이기적으로 행동한다. 그러나 인간에게는 서로 돕는 것처럼 보인다.

'독주하면 살아남을 수 없다. 서로 도와야 이득이다.' 이것이 치열한 경쟁사회 속에서 35억 년 동안 생물이 진화하면서 이끌어낸 답이다. 그 어떤 도덕심도 없는 자연계에서 고르고 골라 얻어낸 답에는 이렇게 도덕심이 흘러넘친다. 넘버원이 된

| 누구에게나 터전과 역할이 있다. |

생물들은 서로 관계하고 도우며 살고 있다. 생물들의 온리원인 니치는 그대로 생태계에서 온리원 역할을 한다.

자연계를 둘러보면 겉보기에도 강한 생물이 있는가 하면, 안타까울 정도로 가녀린 생물도 있다. 대단해 보이는 생물이 있는가 하면, 보잘것없어 보이는 생물도 있다. 그러나 그 생물들도 모두 넘버원인 존재다. 그리고 누구나 온리원 역할을 해서 어떤 생물이 빠지면 균형이 흐트러져 성립되지 않도록 연결고리가 형성되어 있다. 그것이 생태계다. 이렇게 이루어진 자연계가 얼마나 빛나 보이는가.

이는 생물의 종 이야기지만 나는 인간세계에도 적용된다고 믿는다. 이 세상에 태어난 사람은 누구나 어딘가에서 넘버원이며, 어딘가에서 온리원 역할을 해낸다. 그리고 누구 하나 없어서는 안 될 존재다.

당신은 행운아다

이 책을 읽는 당신은 행운아다. 이 책을 읽는다고 해서 하는 말이 아니다. 이 세상에 삶을 부여받았으니 행운아라는 것이다. 조금은 운이 나쁘다는 생각이 들 때도 있고 좋지 않은 일이 생길 때도 있지만 당신은 행운의 한 톨이다.

여기저기 나 있는 잡초는 모두 성공한 듯 보일지도 모른다. 그럼 잡초는 어느 정도 씨앗을 생산할 수 있을까? 작물에서는 씨앗을 밀이 300립, 벼가 1,000립 정도 낳는다. 그러나 잡초는 그 정도 수준이 아니다. 씨앗을 몇만, 몇십만이나 생산한다. 만약 그 씨앗이 모두 싹을 틔운다면 어떻게 될까? 이 세상은 잡초로 뒤덮일 것이다. 실제로 몇만, 몇십만이나 되는 씨앗 가운데 무사히 싹을 틔워 성장하는 잡초는 몇 립밖에 되지 않는다.

우리 주변에 있는 잡초는 모두 선택받은 자들이다. 이 세상에 태어난 잡초는 참으로 행운아다. 우리도 마찬가지다. 우리가 태어난 확률은 어떤가. 남성의 정자는 한 번 사정할 때 수억 개나 방출된다. 당신은 그 수억 개 중 뽑힌 단 하나의 정자였다. 물론 한 번 사정했다고 해서 반드시 수정되는 것도 아니다. 그렇게 생각하면 이 세상 모든 사람 중 단 한 명이 뽑힌 것보다 더 대단한 행운이다. 난자의 기초가 되는 원시난포는 200만 개다. 여러분은 이 200만 개 중 뽑힌 난자와 정자가 만나서 만들어졌다. 얼마나 대단한 확률인가.

그뿐만 아니라 세상에 남자와 여자가 수십 억 명씩 있는 가

전략가, 잡초

운데 당신 아버지와 어머니가 만나서 당신이 태어났다. 만약 당신 부모가 만나지 않았다면 당신은 존재하지 않는다. 그리고 정자와 난자의 조합으로 당신 부모가 태어날 확률도 한없이 낮다. 당신 할아버지와 할머니가 만나지 않았다면 당신 부모님은 태어나지 않았을 테고, 정자와 난자의 조합으로 그 할아버지와 할머니가 태어날 확률도 아주 낮다.

우리 유전자는 머나먼 유인원의 조상이나 척추동물의 조상이나 단세포 동물로 이어져 있다. 마치 기적과 같은 유전자 조합의 연속, 35억 년이라는 생명의 역사에서 조합을 한 곳만 잘못했어도 당신은 이 세상에 존재하지 않는다.

그러니 당신은 복권이 몇 번 당첨되는 것보다 훨씬 낮은 확률로 존재한다. 기적이라고밖에 할 수 없다. 그만큼 행운아다. 그리고 우리는 삶을 부여받지 못한 다른 수많은 존재를 대표해 이 세상을 살고 있다.

이 세상에 존재하는 모든 생명은 대단한 우연으로 지금 시대를 같이 살아가고 있다. 그것은 먹고 먹히며 싸우고 빼앗는 것처럼 보일지도 모르지만, 모든 것이 기적과 같이 반짝반짝 빛나는 생명인 것이다.

어느 잡초학자의 샛길 걷기

"왜 잡초를 연구하게 되었나요?"

자주 듣는 질문이다. 해충을 연구한다든지 감기 바이러스를 연구한다고 하면 좋은 연구라는 말을 듣고, 영어공부를 한다든지 경제학을 공부한다고 하면 굳이 그 이유를 묻는 사람도 없을 것이다. 그만큼 잡초학이 낯설기 때문일 수도 있고, 연구해 봤자 무슨 득이 될까 하는 궁금증도 있을 것이다. 잡초 연구는 농업이나 녹지 관리를 할 때 아주 중요한데, 잡초를 연구한다고 하면 마치 비행접시라도 연구하는 듯 괴짜 취급을 받을 때도 있다.

왜 나는 잡초를 연구하게 되었을까? 내 책이 입시에 널리 사용되는 일이 많아지면서 '입시에 가장 많이 출제되는 저자'라는 이미지가 생긴 탓에 젊은 독자들이 이 책을 읽을 기회도 늘어났다. 최근에는 내 책을 읽은 젊은 독자가 '왜 잡초를 연구하게 되었나요?'라는 질문을 자주 던진다.

내가 젊었을 때 선배들에게 들었던 옛날이야기에 그리 좋은 기억이 없어서 젊은이들에게 그런 말을 하기가 썩 내키지는 않지만, 어쩌면 참고가 되는 부분이 조금은 있을지도 모르겠다. 내가 걸어온 길은 잡초투성이였다. 고민도 많고 실패도 많은 구불구불 휜 길이었다. 그러나 지금 생각해 보면 쓸모없는 일은 단 하나도 없었고 올곧은 외길이었다.

어렸을 적부터 잡초를 좋아한 것은 아니다. 학교 운동장의 풀을 뽑는 일은 정말 하기 싫었고, 풀꽃을 뽑으며 놀기보다는 곤충을 잡는 게 더 좋았다. 그러나 지금 생각해 보면 잡초라는 말에 왠지 모를 매력을 느꼈던 것 같다. 졸업할 때 반 친구들에게 롤링페이퍼를 작성하라고 하면 반에서 한 명은 꼭 '잡초처럼'이라는 말을 쓴다고 한다. 나도 고등학교 졸업 문집에 '내 기분은 메귀리'라며 식물의 듬직함에 대해 썼던 기억이 있다. 시험공부를 할 때 '잡초의 듬직함'이라는 말이 내 마음을 울렸던 것 같다.

고등학교 때 진로를 정하면서도 연구자가 되고 싶다는 마음은 강하지 않았다. "노래하고 춤추는 과학자가 될 거야" 하며 밴드 활동을 하던 친구가 호언장담하기에 학자는 참 멋있다고 막연히 생각했을 뿐이다.

바이오테크놀로지가 주목을 받던 시대이기도 해서 식물학이 재미있을 것 같아 이과대학에 가고 싶다는 희망이 생겼다. 노래하고 춤추는 과학자가 되겠다던 친구가 자신이 지망하는 대학의 교수님에게 편지를 써서 질문했더니 '너 같은 아이가 입학하면 좋겠구나. 기다리겠다'라는 열정적인 답장을 받았다는 이야기를 듣고 나도 그 흉내를 내서 지망대학에 편지를 보냈다. 그랬더니 '너는 이공계가 아니라 농학부에 가는 게 좋을 것 같구나'라는 답장이 왔다. 마치 전래동화에 나오는 혹부리 영감을 따라 하던 못된 혹부리 영감 이야기 같다. 이리하여 나는 농학부에 진학하기로 마음먹었다. 시험을 고작 몇 개월 앞두고 진로를 바꾼 것이다.

대학에서는 작물학을 전공했다. 작물학은 세상의 식량문제를 해결하고 무논농업을 지킨다는 열변을 작물학 강의 때 듣고 끌려서 선택했는데, 연구실에서는 다다미(돗자리)의 원료인 골풀에 흥미를 느꼈다. 바늘처럼 생긴 잎만 불쑥 나와 있는 기묘한 모습이 호기심을 건드렸다.

연구실에서 골풀을 관찰하는데 한쪽 구석에서 골풀과 비슷하지만 확실히 다른 싹이 났다. 분명 잡초였기에 지도교수에게 뭐냐고 물었더니 식물은 꽃이 피면 도감에서 알아볼 수 있으니 꽃이 필 때까지 기다리라고 했다.

골풀은 작물이라서 어떤 식으로 길러야 하는지가 교과서에도 나와 있다. 그러나 옆에서 불쑥 나온 풀이 대체 언제 어떤 꽃을 피울지는 전혀 알 수 없었다. 매일 골풀을 관찰하러 가다 보니 골풀 옆에서 성장하는 그 식물이 더 궁금해졌다. 그리고 어느새 이름도 모르는 이 풀에 마음을 빼앗겼다. 이 풀 이름은 골풀과의 참비녀골풀이었다. 딱히 신기한 것도 없는 흔해빠진 잡초였다. 그러나 처음으로 도감에서 찾아봤기에 마음에 남은 잡초였다.

만약 그때 지도교수가 참비녀골풀이라고 바로 가르쳐줬다면 나는 잡초 연구자가 되지 않았을 것이다. 만약 참비녀골풀이라는 이름을 알면서도 일부러 나에게 관찰하게 했다면 그는 대단한 명장이다.

나는 학생을 가르치면서 '가르치는 힘'과 '가르치지 않는 힘'을 의식한다. 가르치는 것은 간단하고 아는 것은 가르치고 싶다. 그러나 가르치지 않는 힘이 나를 성장하게 했다. 선생님이 가르쳐주지 않은 부분은 자연이 가르쳐주었고 스스로 배웠다. 자연이야말로 진정한 스승이다.

초등학교 때 읽은 과학책에 "이 사실을 지금 여러분이 이해하도록 가르치기는 어렵다. 그러나 여러분이 계속 공부하면 분명 알게 될 날이 올 것이다"라고 쓰여 있었다. 설명을 하지 못하겠으면 일부러 책에 쓰지 않아도 될 말인데, 내 마음속 어딘가에 이 구절이 계속 걸려 있었을까? 고등학교 과학수업에서 그 대답의 의미를 알게 되었을 때, 그 책을 읽었던 때를 떠올리고 뇌가 흔들릴 정도로 감동했다. 배우지 않았을 때 더 크게 배울 때도 있는 것이다.

대학원에 진학했을 때, 마침 잡초학 연구실이 신설되었다. 그래서 나는 대학원에서 잡초학을 배우게 되었다. 누구에게나 은사라 부를 수 있는 스승이 있다. 내가 잡초학을 배우면서 은사라 할 수 있는 스승은 세 분 계시다. 한 분은 연구실 창설자이자 지도교수인 오키 요코 교수님이다. 오키 교수님은 '잡초의 성질을 역으로 이용하라'라는 연구를 진행했다. 오키 교수님은 학생의 자주성을 중시하는 분인데, 아무튼 좋아하는 주제를 마음껏 연구하도록 허락해 주었다. 그래서 흥미에 모든 걸 맡기고 손닿는 대로 조사하고 실험했다. 그런 분위기였기에 연구실 학생들은 마음껏 잡초학을 공부한다는 생각을 했다. 잡초의 이용이나 잡초의 특성은 인생관과 통한다는 말, 잡초는 아직 가치를 다 발견하지 못한 식물이라는 에머슨의 말 등 이 책에서도 소개한, 나의 주춧돌이 된 잡초관은 사실 오키 교수님이 학생들에게 전하고 싶었던 잡초에 대한 생각이었음을 이제야 깨달았다.

학생들은 각자 원하는 주제로 자유롭게 잡초학을 배우는 줄 알았는데 사실은 삼장법사 손바닥 안에서 놀아났던 손오공처럼 우리도 오키 교수님 손바닥 위에서 공부했을 뿐이다. 오키 교수님이 그린 큰 그림이었던 것인가. 나는 흉내조차 낼 수 없다.

당시 내가 다니던 대학교 부속연구소에는 또 다른 잡초학 연구실이 있었는데, 거기에 에노모토 다카시 교수님이 계셨다. 나는 식물 분류학 전문가인 에노모토 교수님에게서 잡초의 분류를 배웠다. 잡초를 관찰하러 가면 그대로 술을 권하니, 학생들은 에노모토 교수님을 잘 따르며 연구실에도 들락날락했다. 생각해 보면 술을 미끼로 학생들에게 학문의 본질을 가르쳐준 분이었다. 잡초학을 배우기 시작한 나는 잡초라고 해도 민들레 정도밖에 몰랐는데, 큰 스승인 에노모토 교수님에게 "왕바랭이와 바랭이는 어떻게 구분하나요?"라며 지금 생각해 보면 얼굴이 화끈거릴 정도로 엉뚱한 질문을 했다.

왕바랭이와 바랭이는 같은 벼과인데 이름만 비슷하지 알고 보면 모양이 완전히 다르다. 잡초를 조금이라도 아는 사람은 '왕바랭이와 바랭이는 뭐가 비슷한가요?' 같은 질문을 던지고 싶을 것이다. 그러나 에노모토 교수님은 싫은 기색 하나 없이 왕바랭이와 바랭이를 구별하는 방법을 알려주셨다.

"아버지 얼굴과 어머니 얼굴은 어떻게 구별하나요?"라는 질문을 받으면 뭐라고 대답해야 할까? 아버지와 어머니 얼굴은 완전히 다르기에 헷갈릴 일이 없다. 그런데 "아버지는 오른쪽 눈 밑에 점이 있고……"라며 설명하는 것과 같은 이치라고 생각하면 이해하기가 쉬울 것이다. 어설프게 알면 알아듣기 쉽게 설명하지 못한다. 깊고 자세히 알았을 때 비로소 알기 쉽게 가르칠 수 있다.

'어려운 이야기를 쉽게, 쉬운 이야기를 깊게, 깊은 이야기를 재미있게, 재미있는 이야기를 꼼꼼하게, 꼼꼼한 이야기를 유쾌하게 그리고 유쾌한 이야기는 어디까지나 유쾌하게'라는 이노우에 히사시 씨의 말이 있는데, 에노모토 교수님의 야외수업은 그에 딱 맞았다. '열매를 맺지 않는 잡초는 없다.' 에노모토 교수님에게 들은 이 말은 내 좌우명이기도 하다.

또 한 분은 나카스지 후사오 교수님이다. 나카스지 교수님은 응용곤충학을 가르쳤는데, 잡초학 연구실을 창설한 오키 교수님이 당시 아직 조교수였으므로 명목상 지도교수였다. 사실 잡초학을 배우고 싶다는 마음이 생겼을 때, 나는 이미 유학하기로 결정되어 있었다. 그것을 취소하고 이제 막 신설된 잡초학 연구실로 진학한 것은 스케줄 문제나 학칙에 비추어 보면 어려운 일이었다. 그러나 나카스지 교수님이 '하고 싶은 공부는 하게 하는 게 좋다'며 다른 교수님들을 끈질기게 설득해주었다. 나카스지 교수님이 없었다면 나는 잡초학자가 되지 못했을 것이다.

나카스지 교수님은 연구를 즐기며 학생을 소중히 여겼는데, 늘 즐거운 표정으로 곤충 이야기를 하셨다. 자연은 미지의 현상으로 흘러넘친다는 사실도 알려주셨다. 나카스지 교수님의 응용곤충학 연구실은 태도가 불량한 학생도 졸업할 때는 모두 우수한 학생이 될 정도로 활동력이 높았다. 교수님은 잡초학 연구실 학생들을 위해 연구반을 열어주셨고 "그건 무슨 뜻이야?", "이유가 뭘까?"라며 우리가 항상 깊이 파고들어 배울 수 있도록 질문을 던지셨다. 또 나카스지 교수님은 '곤충의 눈으로 본 잡초'라는 넓은 안목을 갖게 해주셨다. 나카스지 교수님은 농업에만 의존하지 않고 다양한 제방 방법을 섞는다는 그 당시 세계적으로도 새로웠던 종합적 병충해 관리IPM 분야를 전문으로 연구해 나중에 종합적 잡초 관리IWM로 발전시켰다. 내가 나중에 했던 연구 주제에도 큰 영향을 준 교수님이시다. 은사란 정말 감사한 존재여서 아무리 고마움을 표해도 끝이 없다.

젊을 때는 한 가지 길만 걸어가는 것도 좋지만, 가끔 샛길로 빠지는 것도 나쁘지 않은데 어쩌다 보니 내 인생은 샛길로만 빠졌다.

사실 나는 대학을 졸업한 뒤 잡초학을 일로 삼아 연구한 적은 없다. 대학원을 수료하고 취업한 곳은 도심에 위치한 가스미가세키의 농림수산성이었다. 그 당시 농학부에서 농림수산성으로 채용된 사람은 연구자가 될 사람과 공무원이 될 사람으로 나뉘었는데, 나는 공무원으로서 가스미가세키에 배정받았다. 낯선 도시생활과 익숙지 않은 일로 피로에 지쳐 퇴근할 때 도시에 듬직하게 피어 있는 잡초가 나를 위로해 주었다. 내가 잡초의 전략과 인생의 전략을 강하게 의식하고 잡초를 관찰하게 된 것도 도쿄에서 생활했기 때문이다.

농림수산성 업무는 잡초와 전혀 상관없었지만 배울 만한

점이 많아서 재미있었다. 한 번밖에 없는 인생인데 살아가는 동안 한 번쯤 연구를 해보고 싶다는 마음도 있었다. 게다가 내가 입성한 1993년은 어마어마한 냉해 때문에 전국의 무논이 망가지는 피해를 보았고, 한 톨도 수입하지 않겠다고 하던 쌀을 급히 수입한 해였다. 그런데 도쿄의 가스미가세키에서 일하던 나는 무논을 볼 기회가 없었으므로 막연히 무논을 볼 수 있는 곳에서 일하고 싶다는 생각을 했다.

그 뒤 나는 고향에서 공무원 시험을 다시 보아 지방 공무원이 되었다. 사실 그 지방도시의 연구기관에 들어가고 싶었는데 거기서 축산지도를 담당하게 되었다. 지도원이라고 하는데 소도 제대로 본 적이 없을 정도였으니, 오히려 농가 사람들에게서 배울 것이 많았다. 그때는 목초지도 잡초 때문에 곤혹에 빠져 있어서 잡초는 어떻게든 해보겠다며 잡초 대책에 돌입했다.

그리고 바라던 지방도시의 연구기관으로 이동했는데 잡초 연구를 주제로 다룬 적은 없다. 처음에는 바이오테크놀로지를 이용한 새로운 품종 육성이나 모종 증식을 담당했고, 식물의 세포에서 관측되는 바이오포톤이라는 미약한 발광 연구도 했다. 토양 비료를 담당하는 부서에도 있었고, 해충을 방제하는 연구도 담당했다.

이러니 잡초를 제대로 연구할 기회가 거의 없었다. 지금 돌아보면 이렇게 샛길로 빠져 있었는데도 신기하게 무엇 하나 쓸모없는 일은 없었으니 인생은 참 재미있다. 꽃의 육종 연구를 할 때는 성장이 빠르다는 잡초백합의 특성을 살려 빠르게 피는 백합을 육성하거나 바이오포톤을 잡초의 제초제 반응 계측에 쓸 수 있다는 사실을 알아냈다. 먹이가 되는 잡초를 퇴치했더니 해충도 크게 줄일 수 있었다.

잡초학이라는 중심축을 갖고 있던 덕분에 어떤 분야에서도 있는 힘을 다해 연구해서 성과를 낼 수 있었던 것 같다. 축구공을 찰 때도 차는 쪽 발이 아니라 중심을 잡는 발이 더 중요하다. 잡초학이 나에게는 중심축이었다. 이 중심축이 있었던 덕분에 어떤 공부를 하든 모두 잡초학을 깊이 파고들 수 있게 만들어 주었다. 만약 내가 대학을 나와서 그대로 희망했던 잡초 연구자가 되었다면, 시야가 매우 좁은 잡초 마니아에서 멈췄을 것이다.

인생은 길고 미래에 어떤 일이 일어날지는 아무도 모른다. 그러니 잡초는 선택지를 좁히지 않고 많은 옵션을 준비해서 미래를 대비한다. 어제오늘 일로 끙끙 앓을 필요가 없다. 다가

올 미래를 준비하는 마음가짐이 필요하다.

올곧은 길은 없으며 이런저런 일이 일어나기에 인생이 의미가 있다. 그런 것도 모두 인생의 즐거움이다. 길가에 핀 잡초를 보면 올곧게 자라난 잡초는 하나도 없다. 잡초 인생에도 온갖 드라마가 펼쳐지는 것이다.

어른이 되어 뒤돌아봤을 때 인생은 짧다. 내 할머니는 "소년이 나이 들기는 쉬우나 배움을 이루기는 어렵다"라는 말을 입에 달고 사셨다. 어렸던 나는 이 말을 실감하지 못했지만 지금에야 뼈저리게 느낀다. 나 또한 젊은 독자 여러분에게 마지막 한마디로 이 말을 드리고 싶다.

참고문헌

가와노 쇼이치 엮음, 《식물의 생활사와 진화 1 잡초의 개체군 통계학》, 바이후칸, 1984.

가이 노부에, 《잡초》, 후쿠인칸쇼텐, 1978.

구사나기 도쿠이치·곤나이 마코토·시바야마 히데지로, 《잡초 관리 핸드북》, 아사쿠라쇼텐, 1994.

구사노 후타나, 《잡초에도 이름이 있다》, 분순신쇼, 2004.

구사카와 슌, 《들풀의 세시기》, 요미우리신문사, 1987.

기쿠자와 기하치로, 《식물의 번식 생태학》, 소주쇼보, 1995.

나카니시 히로키, 《종자는 널리 퍼진다-종자 산포의 생태학》, 헤이본샤, 1994.

나카스지 후사오, 《종합적 병충해 관리학》, 요켄도, 1997.

네모토 마사유키, 《일본 느낌의 자연과 다양성-친숙한 환경부터 생각하다(이와나미 주니어 신쇼)》, 이와나미 쇼텐, 2010.

네모토 마사유키, 《잡초들의 땅따먹기-친숙한 자연의 구조를 풀어헤치다》, 고미네쇼텐, 2004.

네모토 마사유키·도미나가 도루, 《친숙한 잡초 생물학》, 아사쿠라쇼텐, 2014.

네모토 마사유키·도미나가 도루·모리타 히로히코·무라오카 히로유키·다카야나기 시게루, 《잡초 생태학》, 아사쿠라쇼텐, 2006.

다나카 오사무, 《잡초 이야기-찾는 법과 즐기는 법》, 주코신쇼, 2007.

다나카 하지메, 《꽃의 얼굴-열매를 맺기 위한 지혜》, 산과계곡사, 2000.

다나카 하지메, 《꽃과 곤충》, 고단샤, 2001(서울: 지오북, 2007).

다다 다에코,《꽃의 목소리-마을의 초록이 들려주는 지혜》, 산과계곡사, 2000.

데이비드 아텐버러,《식물의 사생활》, 산과계곡사, 1998.

마쓰나카 쇼이치,《천덕꾸러기 풀 이야기-잡초와 인간(이와나미 주니어 신쇼)》, 이와나미쇼텐, 1999.

모리 시게야·기가와 시로·가쓰야마 데루오·다카하시 히데오,《제비꽃도 민들레도 왜 이렇게 듬직한가-사람에게 밟히고 강해지는 잡초학 입문》, PHP연구소, 1993.

시미즈 노리히로·히로타 신시치·모리타 히로히코,《일본 귀화식물 사진 도감-Plant invader 600종》, 전국농촌교육협회, 2001.

아사이 모토아키·시바이케 히로유키·종생물학회 엮음,《농업과 잡초의 생태학-침입식물부터 유전자를 재편성한 작물까지》, 분이치종합출판, 2007.

아사이 야스히로,《녹색 침입자들-귀화식물 이야기》, 아사히센쇼, 1993.

야마구치 히로후미 엮음,《잡초의 자연사-듬직함의 생태학》, 홋카이도대학출판회, 1997.

오가 기요시,《일본의 민들레와 서양의 민들레》, 도부쓰샤, 1977.

오사다 다케마사·후지 다카시,《귀화식물-잡초의 문화사》, 호이쿠샤, 1977.

우구이스다니 이즈미·야하라 데쓰카즈,《보전 생태학 입문-유전자에서 경관까지》, 분이치종합출판, 1996.

우에키 구니카즈·마쓰나카 쇼이치,《잡초 방제 대요》, 요켄도, 1972.

이와세 도루,《잡초의 삶에서 자연을 보다-생물 교사의 필드 노트》, 분이치종합출판, 2000.

이와세 도루·나카무라 도시히코·가와나 다카시,《신교정의 잡초(야외 관찰 핸드북)》, 전국농촌교육협회, 1998.

이와세 도루·이지마 가즈코,《신버전 형태와 삶의 잡초 도감-친숙한 300종 구분하기(야외 관찰 핸드북)》, 전국농촌교육협회, 2016.

이와세 도루·이지마 가즈코·가와나 다카시,《신잡초박사 입문》, 전국농촌교육협회, 2015.

이토 가즈유키,《잡초의 역습-제초제의 공격에서 살아남는 잡초 이야기(일본 잡초학회 소책자)》, 전국농촌교육협회, 2003.

이토 미사코,《잡초학 총론》, 요켄도, 1993.

일본잡초학회 엮음,《살짝 알고 싶은 잡초학》, 일본잡초학회, 2011.

파브르, 《파브르 식물기》, 헤이본샤, 1984.

프리드리히 G. 바르트, 《곤충과 꽃-공생과 공진화》, 야사카쇼보, 1997.

히로타 신시치, 《미니 잡초 도감-잡초 구별법》, 전국농촌교육협회, 1996.

Altieri, Miguel A. & Liebman, Matt Liebman, 1988, *Weed Management in Agroecosystems: Ecological Approaches*. CRC Press.

Baker, H. G., 1974, "The Evolution of Weeds," *Ann. Ren. Ecol. Syst.* 5:1-24.

Grime, J. P., 1979, *Plant Strategies and Vegetarian Processes*, John Wiley & Sons.

Grime, J. P., 1997, "Evidence for the Existence of Three Primary Strategies in Plants and Its Relevance to Ecological and Evolutionary Theory," *The American Naturalist* 111: 1169-1194.

Radosevich, Steven R. & Holt. Jodie S., 1984, *Weed Ecology: Implications for Vegetation Management*, Wiley.